| 技术丛书

Flutter企业级应用开发实战
闲鱼技术发展与创新

闲鱼技术团队 ◎ 著

电子工业出版社
Publishing House of Electronics Industry
北京·BEIJING

内 容 简 介

本书是一本可供国内企业参考落地的Flutter技术图书。闲鱼技术团队在实际的技术落地过程中，既享受了Flutter研发效能带来的红利，也经历了无数的技术挑战。本书将落地过程中的完整案例通过结构化的梳理回馈行业和社区。

本书以闲鱼产品为原型，通过线上产品的真实案例，完整地描述了企业级App研发落地所需的技术方案选型，以及关键细节和部分代码实现。无论是构建打包、业务架构设计，还是性能测试标准和线上稳定性保障，都对其进行了详细的阐述。同时，本书针对实际情况深入讨论，切实解决一些在研发落地过程中的问题，填补了领域的空白。

无论是国内一线企业的技术负责人，还是创业公司的技术人员，本书都值得阅读。

未经许可，不得以任何方式复制或抄袭本书之部分或全部内容。
版权所有，侵权必究。

图书在版编目（CIP）数据

Flutter企业级应用开发实战：闲鱼技术发展与创新/闲鱼技术团队著. —北京：电子工业出版社，2021.6
（阿里巴巴集团技术丛书）
ISBN 978-7-121-41184-7

Ⅰ.①F… Ⅱ.①闲… Ⅲ.①移动终端－应用程序－程序设计 Ⅳ.①TN929.53

中国版本图书馆CIP数据核字（2021）第094668号

责任编辑：宋亚东
印　　刷：天津千鹤文化传播有限公司
装　　订：天津千鹤文化传播有限公司
出版发行：电子工业出版社
　　　　　北京市海淀区万寿路173信箱　邮编：100036
开　　本：720×1000　1/16　印张：15　字数：288千字
版　　次：2021年6月第1版
印　　次：2022年1月第2次印刷
定　　价：89.00元

凡所购买电子工业出版社图书有缺损问题，请向购买书店调换。若书店售缺，请与本社发行部联系，联系及邮购电话：（010）88254888，88258888。
质量投诉请发邮件至zlts@phei.com.cn，盗版侵权举报请发邮件至dbqq@phei.com.cn。
本书咨询联系方式：（010）51260888-819，faq@phei.com.cn。

推 荐 序

恭喜阿里巴巴集团闲鱼技术团队再次出书，这是令人兴奋的一部作品。

作为国内最早大规模应用 Flutter 的团队，闲鱼技术团队再次通过对 Flutter 体系的实践与演进，淬炼出了一部 Flutter 著作。

本书内容丰富，全面总结了 Flutter 企业级应用的解决方案，从基本概念、框架、动画、构建、性能和高可用等方面，为读者打开了视角，拓宽了开发者视野，是集大成之作。作为技术的先行者，闲鱼技术团队为 Flutter 开发者拨开了重重迷雾，使 Flutter 可以更加体系化地应用于工程实践。

我很欣喜地看到本书由浅入深、娓娓道来地讲述 Flutter 核心知识点，更囊括进阶与深度内容。全书结合知识点，配以相关案例与实践进行讲解，通过思路引导，举一反三。我相信，本书里面的知识、技巧和方法一定可以帮助读者解决很多开发中的实际问题，有助于读者在进阶道路上获益。

认真码字的技术人绝不甘于只把思想停留在字节中，倘若能结集付梓，实乃一桩幸事。如果你与本书不期而遇，欢迎与闲鱼技术团队的同事们交流。

郑叶飞（圆心）

阿里巴巴资深总监

前　　言

本书的目的

随着 Flutter 在国内逐步应用，许多开发者逐渐认识到它的玄妙之处。开发者在娴熟地使用 Flutter 进行开发并提高研发效率的同时，也面临着不小的挑战。

曾经的闲鱼正所谓"怀珠蹯行，虽艰自熠"，今天的闲鱼不只是先行者，更是同路人。挑战与难关固然有，幸运的是，闲鱼在 Flutter 开发实践中的系统性思考与单点深钻——也是本书的重点——为开发者提供了全新的、进阶的视角和"通用基准"，用来诠释 Flutter 在各种开发场景中的权衡选择。

本书的目的在于为企业开发者和决策者提供基于 Flutter 的完整解决方案。

本书的与众不同之处

深度：本书相比闲鱼技术团队的上一本书，兼具了更多单点问题的深耕与解决。例如，针对行业内挑战较大的、复杂场景下的性能问题，团队有了更深刻的认识及新的解决方案。

广度：对于一线技术负责人和开发者来说，面向企业级应用场景下的绝大多数问题和挑战，都能在本书中获得答案。

实用：本书具有坚实的实践基础，我们努力通过案例与实际代码传达实践过程中的主要思路和关键实现，同时坚持"授人以鱼，不如授人以渔"的原则。

本书秉承以上三个维度，全面彻底、自顶向下地精心设计，弥补了 Flutter 图书市场上的空白，希望读者可以通过阅读本书获得更深层次的专业领悟，充分地掌握各种问题的解决方法。

谁应该阅读本书

- 关注研发效能的一线技术管理者；
- 热爱钻研技术的移动端开发者；
- 跨平台技术的从业者；
- 对 Flutter 感兴趣的相关专业师生；
- 一线技术媒体和技术出版编辑的朋友们。

本书的结构

本书分为 7 章，读者可以按顺序阅读。

第 1 章介绍了 Flutter 技术以及相关的跨平台技术原理与适用场景。

第 2 章介绍了基于 Flutter 的移动端混合架构及配套工程的搭建方法，这也是目前业内使用较多的技术方案。

第 3 章列举了不同业务场景下的技术挑战，并给出了对应的框架设计及解决方案。

第 4 章详尽描述了 Flutter 相关的性能优化和高可用体系的实践，包括度量标准、优化工具、优化策略等一系列方案。

第 5 章描述了在复杂交互下如何利用 Flutter 进行 UI 的进阶定制和动画框架设计。

第 6 章介绍了阿里巴巴集团其他 App 在 Flutter 侧的应用实战，为大家补充了更多的横向技术内容。

第 7 章针对一些热点问题，与大家分享一些开发的心路历程和前沿展望。

如何阅读本书

本书体现的思想有助于读者了解 Flutter 当前的发展情况。一种更好的阅读方法是结合 Flutter 官网资料和开源社区的部分源码，将书中的思想和案例应用到实际开发中，这会是一种绝佳的学习方法。

借用一句俗语：Talk is cheap，Show me the code.

勘误与支持

移动端技术发展潜力巨大，且更新速度快，尽管我们对内容进行了多次校对，依

前言

然难免有不当之处。如有宝贵意见，欢迎通过"闲鱼技术"公众号、知乎号、头条号、掘金号等渠道留言或发私信，欢迎各位专家、读者给予批评指正。

本书的电子书也将通过公众号与大家见面，可在关注公众号"闲鱼技术"后回复"Flutter 电子书"获取。

Any problems，please contact "xianyu tech" via twitter、facebook。

致谢

本书在选题立项与成书过程中，得到了阿里巴巴集团圆心老师提供的很多建设性意见，感谢圆心老师对闲鱼技术品牌的鼓励和对本书的支持。

感谢谷歌团队一直以来高效愉快地与闲鱼技术团队共同演进，在此表达诚挚的谢意。

感谢电子工业出版社博文视点的宋亚东编辑的鼓励与支持。"闲鱼的业务不断地快速迭代，技术耕耘也不能停。"宋编辑对上一本书给出了很高的评价，并且深入地和闲鱼团队的鬼才同学讨论了上一本书的优缺点，唤起了我们的斗志。经过一年时间的规划与笔耕不辍，守得云开见月明，大家得以看到这一本在表达方式、思维引导、案例解析等方面更精进的著作。

最后，衷心感谢团队的每一位同事，大家很棒！

宗心、鬼才

读者服务

微信扫码回复：41184

- 获取各种共享文档、线上直播、技术分享等免费资源。
- 加入本书读者交流群，与更多读者互动。
- 获取博文视点学院在线课程、电子书 20 元代金券。

目 录

第1章 Flutter技术简介与适用场景概要 / 1

1.1 Flutter技术简介 / 2
- 1.1.1 Flutter技术的基本原理 / 2
- 1.1.2 Flutter的来源与演进历史 / 3
- 1.1.3 跨平台技术的日常应用场景 / 4

1.2 Flutter技术的适用场景与案例介绍 / 5
- 1.2.1 创业团队的迭代效率与人员成长 / 5
- 1.2.2 中台战略下的企业成本与核心技术沉淀 / 7
- 1.2.3 云原生及5G时代的研发模式探索 / 8

1.3 总结 / 9

第2章 构建基于Flutter的混合应用 / 10

2.1 Flutter工程和构建 / 11
- 2.1.1 工程结构 / 11
- 2.1.2 构建 / 14
- 2.1.3 私域环境建设 / 19
- 2.1.4 总结 / 20

2.2 混合架构下的架构设计与应用 / 22
- 2.2.1 混合架构下的页面管理 / 22
- 2.2.2 混合架构下的平台能力复用 / 27
- 2.2.3 小结 / 32

第3章 多场景应用架构和设计 / 33

3.1 Flutter编程模型分析和实践 / 34
- 3.1.1 架构设计的第一性原理 / 34
- 3.1.2 Flutter 编程模型分析 / 35
- 3.1.3 Flutter 编程模型实践 / 40

3.1.4　小结 / 42

3.2　流式场景下的架构设计与
　　　应用 / 42

　　3.2.1　流式页面容器架构设计 / 43

　　3.2.2　协议的设计 / 44

　　3.2.3　事件中心的设计 / 45

　　3.2.4　数据中心的设计 / 47

　　3.2.5　小结 / 50

3.3　Flutter场景下的多媒体架构
　　　实践 / 51

　　3.3.1　基本概念：外接纹理、
　　　　　　Channel、FFI和
　　　　　　PlatformView / 51

　　3.3.2　多媒体消费端实践：视频
　　　　　　播放器 / 53

　　3.3.3　多媒体消费端实践：图片
　　　　　　组件 / 55

　　3.3.4　Platform线程和
　　　　　　EGLContext / 57

　　3.3.5　小结 / 58

3.4　游戏化场景的架构设计与
　　　应用 / 59

　　3.4.1　技术选型 / 59

　　3.4.2　引擎总体设计 / 60

　　3.4.3　游戏系统 / 61

　　3.4.4　渲染系统 / 61

　　3.4.5　游戏内界面系统 / 64

　　3.4.6　事件系统 / 65

　　3.4.7　生命周期系统 / 66

　　3.4.8　动画系统 / 67

　　3.4.9　资源系统 / 72

　　3.4.10　小结 / 73

3.5　云端一体化的架构设计与
　　　应用 / 73

　　3.5.1　一体化设计演进 / 73

　　3.5.2　云端一体化架构升级 / 78

　　3.5.3　一体化架构设计 / 80

　　3.5.4　云端一体化研发模式思考 / 81

　　3.5.5　小结 / 83

第4章　性能优化和高可用
　　　　体系 / 84

4.1　Flutter高可用标准 / 86

　　4.1.1　首屏显示时间 / 86

　　4.1.2　流畅度 / 88

　　4.1.3　CPU使用率 / 89

　　4.1.4　错误异常率 / 89

　　4.1.5　内存使用率 / 91

　　4.1.6　小结 / 92

4.2　Flutter性能优化最佳实践 / 93

　　4.2.1　性能技术优化 / 93

　　4.2.2　交互体验优化 / 105

　　4.2.3　小结 / 112

4.3　Flutter稳定性保障最佳
　　　实践 / 112

　　4.3.1　异常治理 / 113

　　4.3.2　内存泄露治理 / 115

4.3.3　CPU使用率治理 / 119

4.3.4　小结 / 120

4.4　可持续发展的高可用体系 / 120

4.4.1　基于录屏的卡顿分析 / 121

4.4.2　基于录屏的页面可交互时长分析 / 123

4.4.3　Flutter代码规范扫描 / 124

4.4.4　小结 / 128

第5章　高级UI及动画效果 / 129

5.1　动态布局方案DinamicX / 130

5.1.1　整体架构设计 / 130

5.1.2　DSL渲染的实现 / 132

5.1.3　Flutter Layout的原理 / 132

5.1.4　实际应用场景 / 138

5.2　流式布局PowerScrollView / 138

5.2.1　整体架构设计 / 139

5.2.2　功能完善 / 140

5.2.3　性能优化 / 141

5.2.4　数据对比 / 148

5.2.5　小结 / 149

5.3　转场动画 / 149

5.3.1　背景 / 149

5.3.2　Flutter动画原理 / 149

5.3.3　转场动画原理 / 152

5.3.4　总结和优化 / 155

5.4　Lottie / 155

5.4.1　背景 / 155

5.4.2　项目架构 / 156

5.4.3　工作流程 / 156

5.4.4　实现差异 / 159

5.4.5　效果对比 / 162

5.4.6　最佳实践 / 164

5.4.7　进阶用法和可编程能力 / 164

5.5　总结 / 165

第6章　前沿探索与行业案例 / 166

6.1　Flutter For Windows探索 / 167

6.1.1　Windows UI框架发展史 / 167

6.1.2　技术选型的思考 / 169

6.1.3　Flutter For Windows技术预研 / 171

6.1.4　小结 / 177

6.2　Flutter引擎定制与优化 / 177

6.2.1　Hummer整体架构总览 / 178

6.2.2　Hummer引擎性能优化 / 182

6.2.3　Hummer引擎功能增强 / 190

6.2.4　Hummer引擎内存泄露检测工具 / 197

6.2.5　小结 / 199

6.3　Flutter在ICBU的实践 / 200

6.3.1 ICBU无线变迁 / 200

6.3.2 跨端技术和Flutter / 201

6.3.3 技术改进 / 203

6.3.4 未来探索的方向 / 208

6.3.5 小结 / 209

6.4 Flutter在淘宝特价版的实践 / 210

6.4.1 淘宝特价版的业务特点 / 210

6.4.2 使用Flutter的业务场景 / 210

6.4.3 小结 / 224

第7章 Flutter前沿技术与热点问题 / 225

第 1 章
Flutter技术简介与适用场景概要

本章首先会介绍 Flutter 的基本定位和原理；然后通过 Flutter 的来源、演进历史，以及行业常见的跨平台技术，更好地帮助读者理解 Flutter 技术的原理和技术特点；最后通过分析三个具体场景的真实案例，帮助读者理解 Flutter 的适用场景以及该场景下给团队、企业带来的具体收益，以便读者在实际应用中做出正确的决策。

1.1 Flutter 技术简介

随着技术的不断发展与演进，多端、多设备、多操作系统为企业的生产活动带来了较高的成本，跨平台技术在此背景下应运而生。具体到 Flutter，它是谷歌公司开源的一种跨平台技术，帮助开发者通过一套代码库高效地构建多平台精美应用，支持移动端、Web 端、桌面端和嵌入式平台。下面会具体介绍 Flutter 的实现原理及其演进历史，并对比行业常见的跨平台技术，帮助读者更好地理解 Flutter 技术。

1.1.1 Flutter 技术的基本原理

Flutter 是一种自绘渲染引擎，分为三层：基于 Dart 的 Framework 层、基于 C 或 C++ 的渲染引擎层，以及基于不同平台（iOS、Android、Windows、Linux）的平台相关实现层，如图 1-1 所示。在 Framework 层，Flutter 提供了相关的 UI 组件以及动画、Canvas 绘制和手势等基本能力，保证了上层 UI 描述的标准一致。在渲染引擎层，包含了渲染管线、Dart 虚拟机以及与平台实现层相关的协议。在平台相关实现层，Flutter 会针对与渲染引擎层约定好的接口进行对应平台（iOS、Android、Windows、Linux）的实现，常见不同平台的 RunLoop、Thread 以及 Surface 绘制相关的实现差异会在该层中体现。

Flutter 配套的 Dart 虚拟机支持 JIT 与 AOT 等多种编译方式，这也保证了在开发模式下，Dart 虚拟机可以实时加载 JIT 编译产物，具备代码热加载的能力，帮助研发人员快速调试。而在正式发布时，基于 AOT 编译的产物具备优异的性能，从而保证了 Flutter 在生产环境中具备高性能。

Flutter 的渲染部分对接了名叫 Skia 的跨平台图形库，这种技术实现与后面章节中提到的 ReactNative 有较大的区别，它保证了在不同平台渲染的强一致性，这也是 Flutter 称为自绘渲染引擎的原因。感兴趣的读者可以自行了解两者的具体实现区别。Flutter 虽然不依赖不同平台的 UI Framework 实现，但同样也带来了一些问题。这种方案在与原生控件的标准对齐时，总是需要自行地在 Dart Framework 进行具体的能力实现，这就使得当移动端应用在完全遵循平台交互视觉标准时，会增加额外的工作量。

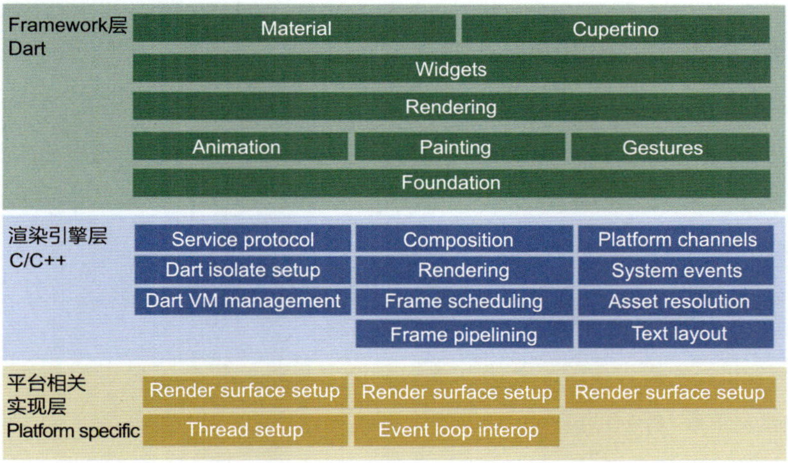

图 1-1 Flutter 相关架构

Flutter 的这种分层架构设计提供了较好的扩展性，在实际应用过程中，企业也可以考虑使用其部分功能进行整合与二次开发。对技术而言，没有"银弹"是所有开发者的共识，在选择 Flutter 作为跨平台技术方案解决实际问题的同时，一定要考虑到它的优势和劣势，再做出实际的落地决策。

1.1.2 Flutter 的来源与演进历史

如图 1-2 所示，Flutter 的历史最早可以追溯到 2015 年，来自 Chrome 团队的开发人员删除了 Chrome 里较多兼容老的 W3C 标准的代码，使得性能提升了 20 倍，随后该方案被命名为 Sky。2017 年，该项目的目标被重新整理，优先解决移动端的跨平台问题，Sky 项目重新被命名为 Flutter。随后在 2018 年 12 月，正式发布了 Flutter 1.0 的 Release 版本。在 2019 年，Flutter 团队宣布支持 Flutter Web 以及 Flutter 桌面版，并在后续持续投入优化。

图 1-2 Flutter 的演进历史

从 Flutter 的演进历史可以看到，Flutter 在构建之初，定位在解决移动端的跨平台问题，在后续的逐步演进过程中，逐渐切入 Web 以及 PC 领域。从它的发展历史来看，该项目的目标也在不断地变化。Flutter 官方对该项目的准确定位是跨平台的便携 UI 工具包，未来希望面向所有的终端，高效地解决渲染问题。由此可见，Flutter 相关的技术思路非常适合解决多平台、多操作系统的渲染问题，在移动互联网到万物互联的新时代，Flutter 有机会提供更多的价值。

1.1.3　跨平台技术的日常应用场景

由于 Flutter 只是众多跨平台技术之一，为了更好地帮助读者理解 Flutter 为企业带来的价值，下面对跨平台技术做简短的介绍。

在生活中，跨平台技术无处不在，我们每天打开的浏览器、各类手机和 PC 端游戏，以及不少国民级的软件都或多或少地使用了跨平台技术。目前，行业内常见的跨平台技术实现与诉求分为以下几类：

- 针对游戏场景，跨平台游戏引擎如 Unity、Cocos2D-x 等技术，旨在解决游戏在不同主机和移动端的代码共用问题，降低企业多端重复开发成本。
- 针对浏览器场景，浏览器内核如 WebKit、Blink 等技术，浏览器在设计之初就是希望通过构建标准消除多端差异，让企业在浏览器上构建的 Web 应用具有动态性，并实现一次开发多端运行的效果。
- 针对移动端 App 场景，前几年，跨平台渲染引擎技术比较流行的有 React Native、Weex，以及本书的主角 Flutter。移动端跨平台技术旨在解决移动端 App 研发过程的多平台代码复用问题，降低开发成本。

Flutter 目前的定位主要是解决跨终端的应用开发，当然也有部分公司尝试使用它开发游戏或充当小程序的底层渲染引擎。从本质上讲，跨平台技术的核心是解决多平台重复研发带来的成本问题，帮助企业快速布局。只是不同的跨平台技术由于面向不同的细分场景，实现原理和配套研发体系各有不同。在不同场景中，不同的跨平台技术会有明确的侧重点和特有的优势。

来自 Statista 网站的统计表明，面向移动端应用开发者，Flutter 正在逐渐成为目前市面上最受欢迎的跨平台开发框架，如图 1-3 所示。在这样的大背景下，了解和学习 Flutter 的相关技术方案，对移动端开发者来说大有裨益。

第 1 章　Flutter 技术简介与适用场景概要

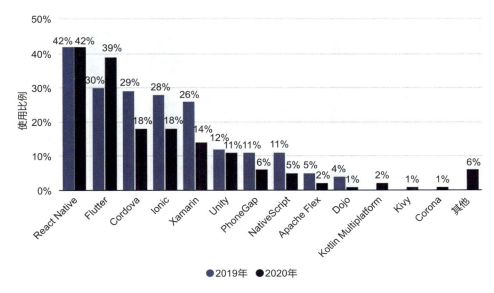

图 1-3　移动端跨平台技术趋势

1.2　Flutter 技术的适用场景与案例介绍

Flutter 作为一种优秀的跨平台解决方案，有利于企业提高研发效能和降低成本。在实际场景中，技术管理者又会针对团队面临的具体业务环境、技术环境和团队组织构成等多个条件综合做出决策，对给企业带来的实际收益也会有不同的预期。为更好地帮助读者理解真实场景下的技术管理决策，作者以闲鱼团队以及阿里巴巴集团（以下简称"集团"）移动技术小组的真实场景为例，从三个阶段分析 Flutter 对企业和团队的价值，以及如何有针对性地投入建设。

1.2.1　创业团队的迭代效率与人员成长

闲鱼是 2014 年淘宝内部孵化的创业项目。经过三年的快速成长，团队逐步面临研发效能瓶颈与人才发展困境。闲鱼团队希望通过发现更加先进的技术生产力，在提高效能的同时，对人才的发展提供有力的支持。闲鱼团队首先确定了以研发效能为主要目标来发掘新的技术解决方案，以打破现有落后生产力的桎梏。整个技术方案涉及研发的各个环节，闲鱼团队称之为研发无人化的解决方案，如图 1-4 所示。熟悉闲鱼的读者一定还记得像端到端一体化以及 UI2Code 等技术的设计。而 Flutter 作为可能解决未来跨平台的解决方案，是研发无人化技术方案的重要一环。

图 1-4　闲鱼团队对于研发无人化的设想与拆解

从 2017 年开始接触 Flutter，到实际尝试落地，再到 2019 年逐渐开始大规模应用，一路走来，闲鱼团队的内外部都经历了较大的质疑和挑战。在初期，由于 Flutter 生态不完善、引擎不稳定、团队技术沉淀不够等原因，使得闲鱼团队付出了额外的成本。但在长期深入的思辨和实事求是的落地过程中，闲鱼团队也逐渐培养起来一批热爱学习、敢于创新、接受挑战的优秀研发人员。正是这些研发人员坚持投入，持续优化，不断创新，才能完成闲鱼客户端的"旧城改造"工作，保证了基础设施向 Flutter 的迁移，如图 1-5 所示。在完成基础设施迁移后，闲鱼客户端目前有 70% 左右的日常代码提交为双端共享的 Dart 代码，客户端与服务端的人员研发配比从原有的 2∶1 逐步优化至接近 1∶1，整体的效能与团队资源配置的灵活度发生了较大的变化。

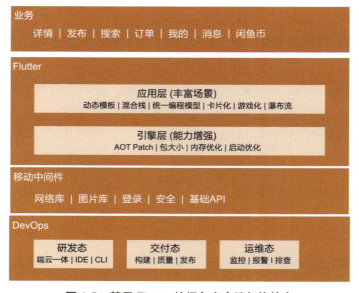

图 1-5　基于 Flutter 的闲鱼客户端架构简介

从闲鱼的案例来看，Flutter 能较好地帮助团队提升研发效能，同时构建良好的团队技术文化。需要注意的是，技术启动过程中需要付出一次性的额外成本，在中台模式下，如能利用其他团队形成的沉淀，该投入成本会锐减。因此，Flutter 对于中大型公司的内部创业团队较为合适，这也是为什么字节跳动、快手、美团、腾讯等公司积极投入其中的原因。随着 Flutter 的生态逐步完善，相信未来有机会为更多的中小型团队提供更好的支持。

1.2.2　中台战略下的企业成本与核心技术沉淀

2019 年伊始，闲鱼作为 Flutter 行业内的最佳实践，开始构建集团内部的 Flutter 相关技术组织和生态。与此同时，在整个大中台、小前台的战略模式下，集团有大量的以小规模客户端团队作战的 App。怎样让闲鱼的研发模式帮助集团更多的业务团队实现研发效能的提升，放大该技术的价值，是我们一直在思考的问题。

基于该命题，闲鱼携手淘宝、UC、ICBU 等多个团队完成了 AliFlutter 组织的初期构建，并在引擎构建、动态模板、性能稳定性和编程框架等多个方向进行共建；同时，针对移动中台的能力进行 Flutter 侧的桥接与实现，提供了包括音视频、高性能图片库和网络库等一系列基础插件，如图 1-6 所示。基于 AliFlutter 组织输出的中间件和基础设施，在一定程度上作为 Flutter 技术中台应用于整个集团。该套基础设施也解决了中小型团队在 Flutter 技术启动过程中的问题，极大地降低了接入成本，并提供了贴合集团技术生态的配套能力。目前，集团有 10 多个产品线的团队基于 AliFlutter 虚拟组织进行共建，同时该组织也拉通谷歌与其他国内友商定期展开技术交流。

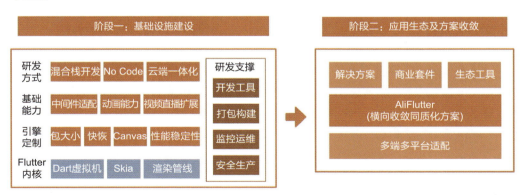

图 1-6　AliFlutter 的基础建设示意图

Flutter 一方面为大量的小前台产品提供跨平台解决方案，以帮助业务快速落地；

另一方面，对于中台团队来讲，该优秀的开源框架对集团内部自研跨平台容器有较强的借鉴意义。目前，集团的跨平台容器在不同场景下有多套实现方案，其面向的场景也各不相同，有面向搭建和导购场景的 Weex 容器，也有面向店铺与第三方开放的小程序容器。Flutter 优秀的分层架构使得工程师可以基于该方案做特定的裁切与定制，并作为这些容器的底层实现，为容器提供更好的跨平台一致性与性能，同时该项目也为企业定制或自研跨平台引擎提供了非常好的思路，如图 1-7 所示。另外，集团前端委员会与集团移动技术小组也在切实推进面向整个集团的跨平台容器标准化，Flutter 在该场景下可以作为跨平台容器标准的一种实现，提供高性能的底层渲染引擎。

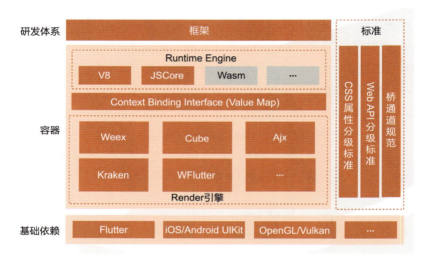

图 1-7　跨平台容器分层架构设计

1.2.3　云原生及 5G 时代的研发模式探索

面向未来，什么才是面向下一代技术的研发模式？笔者认为有两个趋势值得关注：一方面，云原生代表的下一代研发模式，进一步降低开发者门槛，快速完成企业的商业目标；另一方面，5G 时代带来的万物互联，在新的设备侧会有新的商业竞赛，如何快速布局帮助企业领先，通过技术快速布局多端、多设备是必须关注的方向。

对于云原生服务的提供商来说，如何进一步降低开发者门槛，快速完成企业的商业目标极其重要。服务商不能仅仅提供单一维度的服务，完整的产品闭环，即从云到端都不可或缺。基于 Flutter 技术的云端一体化解决方案，未来有机会能帮助企业的业务在多平台快速地落地，加快业务的覆盖速度，如图 1-8 所示。

基于 Flutter +Dart FaaS 的解决方案，目前阿里巴巴和腾讯都在内部有所尝试。当生态成熟之时，可作为基础服务对外提供。另一方面，Flutter 作为跨平台的便携 UI 工具包，也是谷歌未来操作系统 Fuchsia 的主要 UI 开发框架。目前看来，Fuchsia 有可能是面向下一代物联网的操作系统，因此 Flutter 作为 UI 开发框架，在未来万物互联的场景下具有一定的优势。另一方面，国产操作系统鸿蒙 OS 也开始有针对性地在多端多设备进行布局，Flutter 这类技术也可以作为其重要的参考 UI 框架。与此同时，面对未来更多、更复杂的操作系统，跨平台技术一定会体现出更加巨大的价值。

图 1-8　基于 Flutter 的云端一体化方案示意图

1.3　总结

首先，本章介绍了 Flutter 的技术定位和基本原理，它是一种开源的基于自绘制的跨平台便携 UI 工具包，具有媲美原生的性能以及优秀的跨平台一致性。Flutter 的技术源头来自被裁切的 Chrome，因此其与浏览器的相关技术有较深的渊源。Flutter 作为近几年上升势头较快的跨平台技术框架，了解和学习该技术对提升企业效率、加快人员技术成长都有一定的帮助。

然后，通过闲鱼团队以及阿里巴巴集团移动技术小组在 Flutter 侧落地的真实案例，分阶段讨论了 Flutter 对企业和团队的价值。案例表明，在完成 Flutter 基础设施构建后，在后续的研发过程中，多端代码、研发人员共享能为企业和团队带来切实的收益。同时，当面向中大型公司的大中台、小前台战略时，构建 Flutter 中台相关技术能力可以切实降低接入和维护 Flutter 的成本，让代码、人员多端共享的方案快速复制到大量的小前台团队。

最后，对 Flutter 的投入和尝试可以作为技术储备，一方面帮助企业在未来万物互联的场景中提前布局；另一方面，Flutter + Dart FaaS 作为云端一体化的解决方案，有机会给更多的一线开发者提供服务。

第 2 章
构建基于Flutter的混合应用

本章首先介绍 Flutter 混合应用工程结构与构建的特点，结合具体使用场景，给出优化方案。然后介绍如何在混合架构下管理页面以及复用平台能力，讨论相关的原理以及实现。最后介绍 Flutter 多媒体领域的基本原理，并通过具体例子剖析混合场景下相关组件的使用问题及解决方案。

2.1 Flutter 工程和构建

了解 Flutter，往往从工程结构开始。Flutter 的工程结构及其对应的构建方式经历了一个曲折的演进过程，演进的动力既来自 Flutter 的设计理念，又来自工程实践的实际诉求。

本章首先介绍 Flutter 不同工程结构的特点和使用场景，然后介绍不同工程结构对应的构建方式，最后介绍围绕现有工程结构做的一些基础设施建设工作。

2.1.1 工程结构

从工程结构来看，Flutter 主要经历了两种主要的形式，一种是 Flutter App 的工程结构，一种是 Flutter Module 的工程结构。为什么会有这两种不同的结构设计呢？在早期设计时，因为 Flutter 的定位是要构建一个以 Flutter 为主的 App 级别的应用，所以这时主要使用的是 Flutter App 结构。这种结构的主要特点是以 Flutter 为中心构建整个 App，以 Native 代码作为补充。这种结构虽然对于一个新的 App 是适合的，但对于一个成熟 Native App 来说，改造的成本是巨大的。随着越来越多的成熟 App 采用 Flutter 技术，工程结构适配混合场景是一个不得不面对的问题，包括闲鱼在内的很多技术团队，都向 Flutter 官方做了积极反馈。于是，Flutter 官方启动了一个专门的项目——Add Flutter to existing app，Flutter Module 的工程结构就是这个项目最核心的产出。Flutter Module 的工程结构大幅度降低了现有 App 接入 Flutter 的成本，也进一步促进了 Flutter 生态的繁荣。

什么样的 Flutter 工程结构是开发者想要的？在介绍具体的工程结构之前，先探索一个有趣的问题：对于 Flutter 开发者来说，开发者真正想要的工程结构是什么样的？

情况一：无独立 App，完全以 Flutter 开发为主。Flutter App 的工程结构就是理想的选择。

情况二：有独立 App（混合场景），这可能更符合使用 Flutter 技术开发者的实际情况。对于这些应用，使用 Native 工程已经足够完善，并且需要保证独立性。在这种情况下，什么样的工程结构更优呢？

在混合场景中，不同类型的开发者对 Flutter 工程结构的诉求是不同的，如图 2-1 所示。

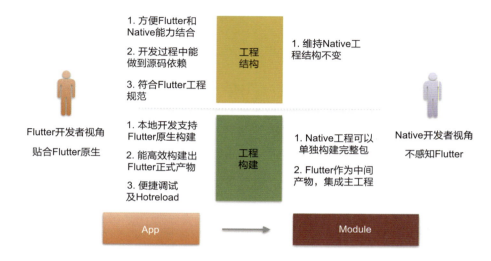

图 2-1　在不同开发者的视角下对 Flutter 工程结构的诉求

Flutter 开发者和 Native 开发者都不希望过多地感知对方的存在，都希望使用最贴合自己技术栈的方式开发。下面带着这样的视角，详细介绍 Flutter 的两种工程结构。

1. Flutter App

如果运行如下命令：

```
flutter create -t app test_app
```

就能以最低的成本获取一个 App 结构的 Flutter 工程（此处省略 Native 工程细节）。

```
├── test
│   └── widget_test.dart
└── web
    └── index.html
```

App 的工程结构包括几个核心的模块：lib 模块包含 Flutter 中 Dart 的相关代码；android、ios、web 模块分别包含的是 Flutter 中 Android、iOS 和 Web 的相关代码。

> 注意：这里重点介绍 Native 的工程结构，对 Web 的部分不进行仔细的分析。

不难看出，这是 Flutter 包裹其他工程的结构。Flutter App 工程结构的主要特点如下：

- 结构固定，相对位置基本固定；
- Native 视角不友好，在默认情况下，Native 工程源码无法独立运行，需要嵌入 Flutter 的工程结构中；
- 只有源码依赖，没有默认的产物依赖机制。

2. Flutter Module

运行如下命令可以获得一个简单的 Flutter Module 的工程。

```
flutter create -t=module test_Module
```

核心工程结构如下所示。

```
.
├── .android
├── .ios
├── README.md
├── lib
│   └── main.dart
├── pubspec.lock
├── pubspec.yaml
├── test
│   └── widget_test.dart
```

乍一看，Flutter Module 的工程结构和 Flutter App 的工程结构几乎一样。仔细看就能发现最主要的区别是 Flutter App 结构中是"android"和"ios"文件夹，而 Flutter Module 的工程结构中是".android"和".ios"文件夹。如果不仔细看，可能都看不到这两个文件夹（默认是隐藏）。Native 和 Flutter 工程的依赖其实就隐藏在".android"

和".ios"两个文件夹中。

以 Android 为例，如果工程要依赖 Flutter 工程，需要在主工程的 'settings.gradle' 中添加如下代码。

```
evaluate(new File(
settingsDir.parentFile,
'my_flutter/.android/include_flutter.groovy'
))
```

iOS 的主工程是通过在主工程 Podfile 中添加如下依赖，实现依赖 Flutter 工程的。

```
flutter_application_path = '../my_flutter'
load File.join(flutter_application_path,'.ios','Flutter','podhelper.rb')
```

可以看出，主工程和 Flutter 工程依赖是通过 .android 和 .ios 工程完成建立的。对于具体的依赖方式，Flutter 官方文档介绍得比较清楚，这里不再赘述。

Flutter Module 的工程结构是 Flutter 在"将 Flutter 融入现有 App"思路下的产物。相比于 Flutter App 的工程结构，Flutter Module 的工程结构在混合模式上有明显的两点演进：

- 主工程可以非常方便地直接依赖 Flutter 工程；
- 将依赖分成源码依赖和产物依赖，更贴合工程实践的需要。

但是，Flutter Module 的工程结构也有弱化的部分——Flutter 视角。如果采用默认方式集成到主工程，可能 Flutter 开发人员最熟悉的类似 flutter run 的功能是无法成功运行的。这方面的内容将在构建部分详细介绍。

2.1.2 构建

工程结构的优劣往往最直接的体现就是构建。说到底，成功构建是一切开发工作的基础。根据前面的介绍，读者也许还感受不到 Flutter App 和 Flutter Module 的工程结构的差别。在构建侧，差距会很明显地体现出来。

在宏观上，Flutter 打包分为两种：一种是整包构建完整的 App；一种是构建 Flutter 的产物，再与 Native 工程一起完成整包的构建。下面分别介绍。

1. Flutter 整包构建

（1）基于 Flutter App 工程结构。如果工程结构是 Flutter App 类型，那么 Flutter 有非常完整的支持，直接运行对应的命令就可以完成构建。

Android 系统可以执行以下命令：

```
flutter build apk
```

iOS 系统可以执行以下命令：

```
flutter build ios
```

> 注意：这里只是最简单的示例，可以通过设置不同的参数，配置最终的打包产物。

（2）基于 Flutter Module 工程结构。如果使用 Flutter Module 的工程结构，最简单、最直接的构建方式是配置好 Native 和 Flutter 依赖后，直接构建 Native 工程。在这种场景下，用户感知不到 Flutter 的存在，与构建一个普通的 App 是一样的。

看起来一切都很完美。但是不是这样就足够了呢？还记得 flutter run 命令吗？

想要使用 Flutter 命令运行工程，首先需要解决如下问题：

第一是基础环境配置，怎样配置 Native 工程的环境呢？当然，可以试试".android"和".ios"文件夹。但是其中有一个非常大的问题：这两个文件夹是没有持久化能力的，即工程在后续构建的过程中可能会被抹掉，显然这是不能接受的。可以用如下命令实现工程结构的持久化。

```
flutter make-host-app-editable
```

第二是运行环境配置，在持久化目录中，可以放入运行时的必要依赖，例如各种 Plugin，这样 Flutter Module 工程就可以独立于 Flutter 运行了。当然，一个成熟的 Native 工程的依赖可能非常复杂，最方便的集成方式是将整个 Native 工程放入对应持久化目录中（配置好依赖）。这样就能实现用 flutter run 启动整个 App 了。

2. Flutter 产物构建

为什么需要中间产物这种方式呢？如果是以 Flutter 为主的 App，其实大可不必需要中间产物。但如果在混合场景下，就不得不考虑 Native 开发人员的情况。虽然 Flutter Module 的工程结构已经将包含 Flutter 的构建做到不用感知 Flutter 存在，但是开发人员更"贪心"地希望能做到 Native 开发人员连 Flutter 的环境都不需要具备就能进行开发。怎么做到呢？

将 Flutter 构建成产物！首先明确一点：这里的产物包括 Flutter 和对应 Plugin 的产物（Plugin 里面也包含有本地代码），如图 2-2 所示。

如何获取这些产物呢？

（1）基于 Flutter App 工程结构。闲鱼从 Beta 版本接触 Flutter 开始，最早使用的就是 Flutter App 的工程结构。由于其推出得比较早，Flutter App 的工程结构并没有获取 Flutter 产物的能力。但是闲鱼作为一个成熟的 App，又对 Native 视角有很强的需求。为了平衡这些诉求，闲鱼对 App 的工程结构做了"深度"的修改。这里有非常多的技术细节，在《Flutter 技术解析与实战——闲鱼技术演进与创新》一书中已经做了非常详细的介绍，这里不再展开叙述。核心的思路是通过壳工程的方式，将 Flutter 产物的各部分复制到壳工程，然后将壳工程打包并上传。

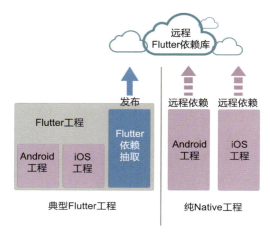

图 2-2　Flutter 依赖抽取

Android 壳工程打包和 iOS 壳工程打包的核心过程分别如图 2-3 和图 2-4 所示。

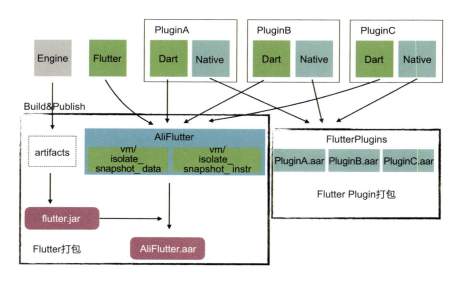

图 2-3　Android 壳工程打包的核心过程

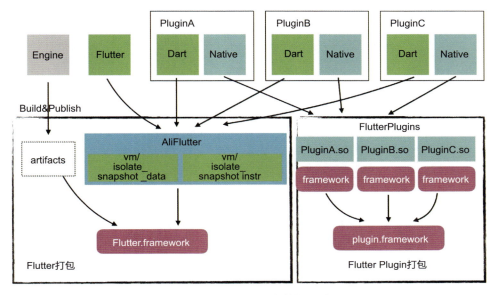

图 2-4　iOS 壳工程打包的核心过程

（2）基于 Flutter Module 工程结构。如果经历过壳工程打包的"磨炼"，当看到构建 Flutter Module 的工程结构中间产物的时候，就会很"激动"了。因为这里确实方便了很多。Flutter 官方提供了很多的工具支持。最常见的如下所示。

```
Flutter build aar // android
Flutter build ios-framework  // ios
```

使用上述命令可以直接构建 Flutter 和对应 Flutter 的所有产物，并且生成相应的依赖文件，例如 Android 的 pom。当把产物上传以后，就可以很方便地在主工程中完成对产物的依赖。

非常有意思的是，Android 工程有时会遇到 build aar 运行失败的情况。这里有很多种原因，例如 Plugin 工程对主工程有反向依赖。这时还有其他的备选方案：可以在持久化过程中执行 gradle assembleRelease 打包命令，或者在 Flutter 工程中执行类似 Flutter build apk 的命令。这些命令其实也能构建出所有的 AAR 包，只不过这些包散落在不同的地方。Flutter 工程的 AAR 包在"/.android/Flutter/build/outputs/aar/"中。各个 Plugin 对应的产物 AAR 包在对应 Android 工程的地址是"android/build/outputs/aar/"。

这些散落的产物是如何上传的呢？可以通过 shell 脚本遍历所有的产物，然后执行对应的上传逻辑。虽然这并不复杂，但需要知道的是，去哪里获取所有的 Plugin 和对应的存储位置呢？

答案是通过 Flutter 工程目录下的".flutter-plugins"文件（与 pubspec.yaml 平级）。

该文件记录了工程中用到的所有的 Plugin 名称和对应的位置，可以通过解析这个文件，并遍历所有的产物文件实现上传。

3．构建速度优化。对于构建速度，分两种情况论述。

（1）本地构建

这里讨论的场景是应用整体构建，开发阶段的构建速度对研发效能有举足轻重的影响。Flutter App 的工程结构相对简单，这里不做展开。Flutter Module 的工程结构相对复杂，这里重点讨论持久化工程结构对构建速度的影响。

如果将现有的 Native 工程都放入持久化目录中并配置依赖，相当于每次运行 Flutter 时都需要构建整个工程。但好处是环境完备，不用担心环境不同导致的各种问题。

如果设计一个最小化的壳工程，以满足 Flutter 打包的最低要求，那么打包的速度是最快的，但同时环境可能是不完备的。

这就需要做出权衡，在环境完备程度和构建速度之间做出取舍。

（2）发布构建

这里讨论的场景是中间产物的构建和上传。如果特别在意中间产物构建的速度，可以考虑以下优化思路——将独立 Plugin 和主工程依赖的 Plugin 分开。

以闲鱼工程为例，闲鱼有接近 30 个 Plugin，如果每个 Plugin 构建 AAR 包并上传，是一笔不小的时间开销。根据统计，这部分的耗时占整体中间产物构建耗时的一半。所以，闲鱼将 Plugin 做了分类，分为独立 Plugin 和主工程依赖的 Plugin。并且把与主工程有依赖的 Plugin 拆掉。闲鱼将这些 Plugin 中的 Native 代码迁移到主工程中，并且通过如下方式对方法进行单独的注册（Flutter 1.12 版本）。

```
FlutterEngine.getPlugins().add(new XXXXPlugin());
```

注意：需要找到 FlutterEngine 初始化完成的时机，并完成插件的注册。

这种方式有一个好处：就是可以将与主工程有依赖的插件代码放入主工程中进行打包，从而省下作为一个单独的 Plugin 构建和上传的时间。

这种方式能提升构建效率，同时也有一定的副作用——Flutter Module 环境的完备性会受到伤害。这里需要想清楚最终的收益。

2.1.3 私域环境建设

想要高效地完成 Flutter 的构建，不能不提私域环境建设。每家公司都会有属于自己的私域环境，例如私域的代码仓库、私域的产物仓库等。相比于外部环境，私域环境往往更加稳定和安全。阿里巴巴集团在内部也做了基于 Flutter 的私域环境建设（Aliflutter 体系）。这里重点介绍 pub 库和产物服务器。

1. pub 库

在 iOS 系统中使用 Cocoapod 管理依赖，在 Android 系统中使用 Gradle 管理依赖。相对应地，在 Flutter（Dart）中，使用 pub 库管理依赖。考虑到可用性、易用性和安全性等要求，需要参照 pod&gradle 维护一套阿里巴巴集团公共的 pub 库，用于管理所有的 Dart Package、Flutter Plugin 等。

整体上采用 Docker+Dart 来构建，Pub 库架构设计如图 2-5 所示。

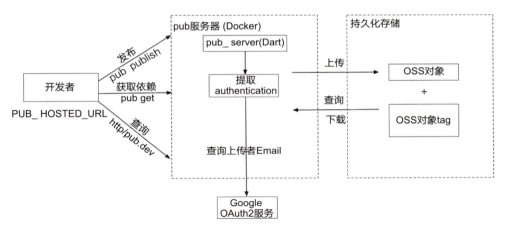

图 2-5 pub 库架构设计

2. 多仓库支持

pub 库的 hosted 特性使得可以在一个 yaml 里面对部分库指定默认仓库（PUB_HOSTED_URL）。对部分库指定内部仓库，一个典型的 pubspec.yaml 如下所示。

```
name: hello_world
description: A new Flutter project.
version: 1.0.0+1
environment:
  sdk: ">=2.1.0 <3.0.0"
```

```
dependencies:
  flutter:
    sdk: flutter
  cupertino_icons: ^0.1.2
  df_api:
    hosted:
      name: df_api
      url: http://pub.alibaba-inc.com
  flutter_bloc: 3.2.0
```

3. 产物服务器

使用 Flutter 技术的团队很可能会有维护一份自己 Flutter（包括引擎）的需求。可以将 Flutter 引擎产物集成到内部的 Flutter 仓库中的 bin/cache 产物，也可以提供一个类似 Flutter 官方的产物服务器。当运行 Flutter 命令时，按需获取 Engine 产物。

虽然用 Git 管理的方案比较简单，但是也会遇到一个严重的问题，就是 Git 的机制对于二进制文件的处理方式很原始，多次构建 Engine 产物后，Git 仓库将愈发庞大，严重影响获取速度。

为了统一不同团队的开发环境，并且尽可能简单地遵循 Flutter 的标准开发模式，需要建设阿里巴巴集团 Flutter 引擎产物服务器，如图 2-6 所示。

整体上使用 Docker+OpenResty+OSS 构建。这里做了一个非常贴心的设计，当私域服务器没有对应版本的产物时，会自动到公域环境中拉取并缓存，这样能最大限度地保障服务的可用性。

2.1.4 总结

本节的第一部分介绍了 Flutter 不同的工程结构，第二部分接着介绍了对应的构建方式。一方面介绍了不同的 Flutter 工程结构和构建的特点，另一方面给出了不同工程结构的适用场景和优化方式。相信能够给不同的 Flutter 开发者高效地选择 Flutter 工程结构带来参考。特别是不同的工程和打包方式，往往决定了团队实际的研发流程。这是任何团队想要高效地使用 Flutter 的开始。

在本节的最后，介绍了阿里巴巴无线小组做的一些基础设施建设，希望能给读者提供一些借鉴，提升私域场景下 Flutter 的研发效率。

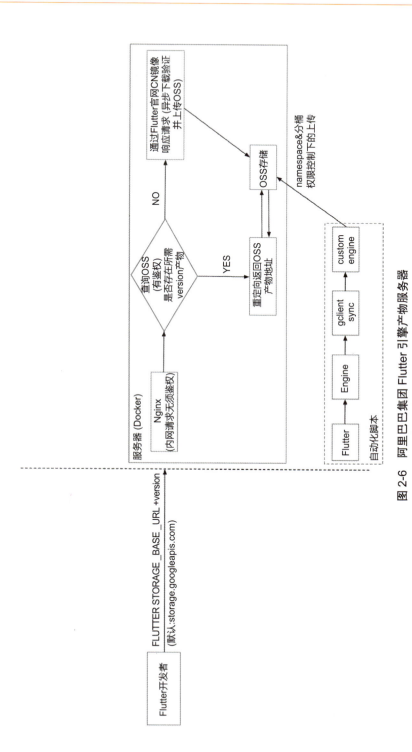

图 2-6 阿里巴巴集团 Flutter 引擎产物服务器

2.2 混合架构下的架构设计与应用

虽然 Flutter 技术非常适合从头开发一个应用，但实际上凡是具有一定规模的应用，很少会选择使用 Flutter 从零进行开发，因为这样做的成本和风险都比较高。为此，Flutter 团队提供了一个将 Flutter 集成到现有应用中的解决方案——Add Flutter to existing app。闲鱼将 Flutter 集成到现有应用的这种方案称为混合架构。本章将重点介绍如何在这种混合架构下管理页面和平台能力复用的相关技术，包括 Platform Channel、Texture 和 Platform View。

2.2.1 混合架构下的页面管理

在介绍混合架构下的页面管理解决方案之前，先简要介绍与之相关的 Flutter 基础原理。Flutter 技术主要由 C++ 实现的 FlutterEngine 和 Dart 实现的 Framework 组成（其配套的编译和构建工具不在这里讨论）。FlutterEngine 负责线程管理、Dart VM 状态管理和 Dart 代码加载等工作。而 Dart 代码所实现的 Framework 则是业务接触到的主要 API，诸如 Widget 等概念就是在 Dart 层面的 Framework 内容。

虽然一个进程里最多只会初始化一个 Dart VM，但是一个进程可以有多个 Flutter 引擎，多个引擎实例共享同一个 Dart VM。由于一个进程可以有多个引擎，因此页面管理的解决方案可分为多引擎解决方案和单引擎解决方案。

1. 多引擎解决方案

多引擎解决方案是最容易设计与实现的一种技术方案。这种方案的基本设计思路是：应用中会存在多个引擎，每次当从 Native 页面打开一个 Flutter 页面时，便重新创建一个新的引擎实例供 Flutter 页面使用。

考虑以下场景，从一个 Flutter 页面 A 打开一个 Native 页面 B，然后打开一个 Flutter 页面 C，如图 2-7 所示。在多引擎解决方案中，在进入 Flutter 页面 A 时，会创建一个 FlutterEngine。而从 Native 页面 B 进入 Flutter 页面 C 时，会再创建一个 FlutterEngine。此时，应用中就会存在两个引擎，两者之间相互独立。

多引擎解决方案的优势是实现简单、开箱即用，缺点也十分明显，包括：

（1）资源开销问题。每启动一个引擎，随之创建的是三个新的线程（UI 线程、Raster 线程和 I/O 线程）、新的 Isolate 和新的图片缓存。可以说，多引擎解决方案随着引擎数量的增加，资源开销是呈线性增长的，这将导致应用的内存较大。

（2）环境隔离问题。与引擎对应的 Isolate 是相互独立的，它们之间的资源是隔离的。虽然在一个 Isolate 中无法读取另一个 Isolate 中的全局变量，但是页面间共享全局数据却是常见的需求。因此，多引擎解决方案需要额外地引入某些机制，做到数据共享，这使得某些需要实现页面间数据共享的需求变得非常复杂。

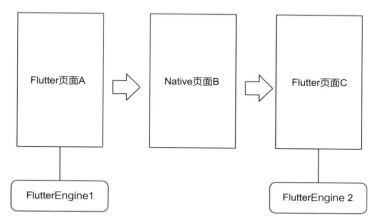

图 2-7　多引擎解决方案

2. 单引擎解决方案：共享视图

多引擎方案的诸多缺陷决定了它不太适合在生成环境中使用，因此闲鱼开发了一个基于单引擎的页面管理解决方案——FlutterBoost。FlutterBoost 已经在闲鱼得到了全面的验证和应用，目前已在 GitHub 上开源。

单引擎解决方案是指在整个应用中只存在一个引擎，所有 Flutter 页面共享该引擎。这个方案基于以下事实：在绝大部分情况下，应用只会展示一个页面。相比多引擎解决方案，单引擎解决方案天生不存在环境隔离问题，并且资源开销也小得多，是目前比较主流的技术方案。

在早期的 Flutter 版本中，视图和引擎是耦合在一起的，Flutter 官方并没有为开发者提供可复用的引擎。因此，闲鱼第一版的单引擎解决方案复用的是视图。这里说的视图，对 Android 端来说是 FlutterView，对 iOS 端来说则是复用了 FlutterViewController。

以 Android 端为例，在这个方案中会创建一个全局的 FlutterView，当打开一个新的 FlutterActivity 时，会将 FlutterView 添加进去。而当要离开 FlutterActivity 时，则对页面截图并设置为页面背景，并将 FlutterView 移除。而当从其他页面返回 FlutterActivity 时，再将 FlutterView 添加到 FlutterActivity 并移除截图，如图 2-8 所示。

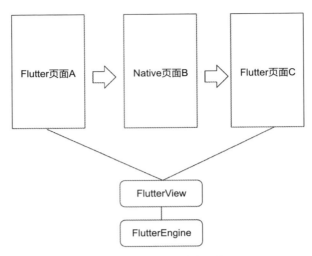

图 2-8　共享视图方案示例

FlutterBoost 1.0 的核心原理就是共享视图方案，闲鱼在此方案的基础上做了一些卓有成效的改进与优化：

（1）从单 Navigator 方案到多 Navigator 方案。在早期的混合栈方案中，Framework 层使用单个 Navigator 管理 Flutter 页面。这种方案虽然可以解决大部分的页面管理问题，但是对 Tab 切换的管理就捉襟见肘了。单 Navigator 方案无法很好地支持同时存在多个平级逻辑页面的情况，因为在切换页面时必须从栈顶操作，无法在保持状态的同时实现平级切换。例如，有两个页面 A、B，当前页面 B 在栈顶。切换到页面 A 需要把页面 B 从栈顶弹出去，此时页面 B 的状态丢失，如果想切回页面 B，只能重新打开。因此，新方案引入了 Container 的概念，不再使用栈的结构维护现有的页面，而是通过扁平化 Key-Value 映射的形式维护当前所有的页面，每个页面拥有唯一的 ID。这种结构很自然地支持了页面的查找和切换，不再受制于栈顶操作，问题也迎刃而解。

（2）截图优化，降低内存。由于视图在应用中是全局共享的，为了提供更好的用户体验，在页面切换的过程中使用了截图的方式进行过渡。因为每打开一个页面，就会进行一次截图，所以截图对内存的影响呈线性增长。为了解决上述问题，闲鱼最终采用了"预加载＋缓存"的策略，应用中最多只在内存中同时存在两张截图，其他的截图存入磁盘，在需要的时候提前预加载。这样就做到了在不影响用户体验的前提下，将空间复杂度从 $O(n)$ 降低到了 $O(1)$。这个优化过程进一步节省了不必要的内存开销。

3. 单引擎解决方案：共享引擎

随着 Flutter 技术方案的演进，Flutter 官方将视图和引擎解耦，并让开发者可以复用引擎，因此复用引擎方案开始逐渐取代复用视图方案，成为单引擎方案的主流。

与复用视图方案不同的是，复用引擎方案中复用的是引擎而不再是视图。以 Android 为例，不同于之前全局只有一个 FlutterView，在这种方案中，每个 Flutter 页面都会有自己对应的 FlutterView。而这些 FlutterView 共享全局的 FlutterEngine。当进入一个新的 Flutter 页面时，会执行 FlutterView 的 attachToFlutterEngine，将其连接到 FlutterEngine 上；当从一个 Flutter 页面离开时，会执行 FlutterView 的 detachFromFlutterEngine，将其与 FlutterEngine 的连接断开，如图 2-9 所示。

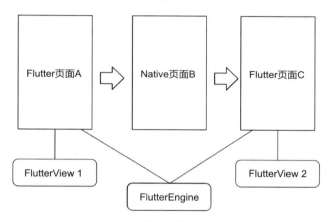

图 2-9　共享引擎方案示例

FlutterBoost 2.0 正是基于共享引擎方案实现的。以 iOS 端为例，在 FlutterBoost 2.0 中，会在应用启动时初始化 FLBFlutterEngine，FLBFlutterEngine 会初始化 FlutterEngine，并调用它的 runWithEntrypoint 以运行 Dart 代码，FlutterEngine 就是共享的引擎。

```
@implementation FLBFlutterEngine

- (instancetype)initWithPlatform:(id<FLBPlatform> _Nullable)platform
engine:(FlutterEngine * _Nullable)engine
{
    if (self = [super init]) {
```

```
    if(!engine){
        _engine = [[FlutterEngine alloc] initWithName:@"io.flutter" project:nil];
    }else{
        _engine = engine;
    }
    if(platform &&
      [platform respondsToSelector: @selector(entryForDart)] &&
      platform.entryForDart){
        [_engine runWithEntrypoint:platform.entryForDart];
    }else{
        [_engine runWithEntrypoint:nil];
    }
}


    return self;
}

……

@end
```

当进入一个 Flutter 页面时，会将对应的 ViewController 连接到 FlutterEngine 上。具体实现如下。

```
(BOOL)attacheToViewController:(FlutterViewController *)vc
{
    if(_engine.viewController != vc){
        _engine.viewController = vc;
        return YES;
    }
    return NO;
}
```

而离开一个 Flutter 页面时，则会将 ViewController 从 FlutterEngine 上分离。

```
(void)detach
{
    if(_engine.viewController != nil){
        [(FLBFlutterViewContainer *)_engine.viewController
surfaceUpdated:NO];
        _engine.viewController = nil;
    }
}
```

与共享视图方案相比，共享引擎方案有以下优势。

（1）无须截图。共享引擎方案不需要在页面切换时对 Flutter 页面进行截图处理。因为在共享引擎方案中，Flutter 页面中的视图并不会移除，因此即使视图与引擎断开连接，其显示的还是最后一帧绘制的结果。这也意味着之前由于截图导致的 CPU 耗时的性能问题以及极端情况下出现的黑屏白屏问题都将得以解决。

（2）生命周期问题。共享引擎技术方案的出现，也意味着之前复用视图方案的生命周期问题得以解决。以 iOS 端为例，在之前的方案中，FlutterViewController 的生命周期和整个 App 的生命周期 AppLifecycleState 是一致的。当页面完全隐藏或者应用切换到后台时，都会发送 pause 消息，告知监听者应用要暂停。但这在有多个 Flutter 页面和原生页面共存的混合栈情形下显然不合理。针对单个 Flutter Container 页面，也需要有自己可见与不可见的事件通知。FlutterBoost 2.0 完善了之前的 ContainerLifeCycle，在 Dart 层能较好地支持页面的 appear 和 disappear 事件，同时能监听 App 切到 Background 或者 Foreground 事件。

混合架构下的页面管理是将 Flutter 集成到现有工程后首先需要解决的问题，目前的共享引擎方案也并非完美。其根本原因是 Flutter 官方在设计之初并没有考虑混合栈的需求。目前，Flutter 官方已经意识到这个问题，开始设计官方混合栈方案，具体可见 GitHub 上相应的 issue 37644。闲鱼的 FlutterBoost 也在进行新一轮的设计与重构，相信混合架构的页面管理方案会越来越成熟。

2.2.2 混合架构下的平台能力复用

在混合架构中，Flutter 不可避免地需要使用平台能力，包括平台实现的代码逻辑的复用、平台的音视频相关能力的复用以及平台已实现的 View 的复用。这些能力的复用离不开以下技术：Platform Channel、Texture 和 PlatformView。

1. Platform Channel

在混合架构中，Flutter 不可避免地需要使用平台原生能力，如获取设备信息、使用基础网络库，抑或是 Native 已经实现了一个复杂的业务逻辑，用 Flutter 再实现一遍的成本较高，因此直接调用 Native 的能力，等等。而 Flutter 提供的 Platform Channel 很好地解决了这个问题。Flutter 官方文档已经提供了如何使用 Platform Channel 的指导，因此本书将重点放在其原理、常见问题及其解决方法方面。

Flutter 定义了三种不同类型的 Channel，它们分别是用于传递字符串和半结构化信息的 BasicMessageChannel、用于传递方法调用（method invocation）的 MethodChannel 和用于数据流（event streams）通信的 EventChannel，如图 2-10 所示。

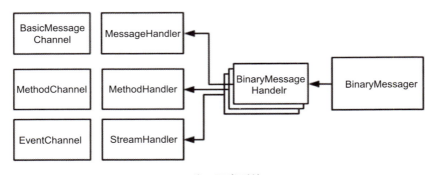

图 2-10 三种不同类型的 Channel

虽然三种 Channel 之间互相独立、各有用途，但它们在设计上却非常相近。每种 Channel 均有三个重要的成员变量：String 类型的 name，代表 Channel 的名字，也是其唯一的标识符；BinaryMessenger 类型的 messager，代表消息信使，是消息的发送与接收的工具；MessageCodec 类型或 MethodCodec 类型的 Codec，代表消息的编解码器。

虽然三种 Channel 各有用途，但是它们与 Flutter 通信的工具却是相同的，均为 BinaryMessenger。BinaryMessenger 是 Platform 端与 Flutter 端通信的工具，其通信使用的消息格式为二进制格式数据。当初始化一个 Channel，并向该 Channel 注册处理消息的 Handler 时，实际上会生成一个与之对应的 BinaryMessageHandler，并以 channel name 为 Key，注册到 BinaryMessenger 中。当 Flutter 端将消息发送到 BinaryMessenger 时，BinaryMessenger 会根据其入参 Channel 找到对应的 BinaryMessageHandler，并交由其处理。

BinaryMessenger 并不知道 Channel 的存在，它只和 BinaryMessageHandler 打

交道。而 Channel 和 BinaryMessageHandler 则是一一对应的。由于 Channel 从 BinaryMessageHandler 接收到的消息是二进制格式数据，无法直接使用，故 Channel 会将该二进制消息通过 Codec（消息编解码器）解码为能识别的消息，并传递给 Handler 处理。

当 Handler 处理完消息之后，会通过回调函数返回 result，并将 result 通过编解码器编码为二进制格式数据，通过 BinaryMessenger 发送回 Flutter 端。

另外，在使用 Platform Channel 时，还需要牢记以下两点：

（1）Platform 侧的代码运行在主线程。Flutter Engine 自己不创建线程，其线程的创建与管理是由 Embedder 提供的，并且 Flutter Engine 要求 Embedder 提供四个 Task Runner，分别是 Platform Task Runner、UI Task Runner、GPU Task Runner 和 I/O Task Runner。Platform 侧执行的代码运行在 Platform Task Runner 中，而在 Flutter App 侧的代码运行在 UI Task Runner 中。在 Android 端和 iOS 端上，Platform Task Runner 运行在主线程上。因此，不应该在 Platform 端的 Handler 中处理耗时操作。

（2）Platform Channel 并非是线程安全的。这一点在 Flutter 官方文档中也有提及。FlutterEngine 中的多个组件是非线程安全的，故与 FlutterEngine 的所有交互（接口调用）必须发生在 Platform Thread。故在将 Platform 端的消息处理结果回传到 Flutter 端时，需要确保回调函数是在 Platform Thread（也就是 Android 和 iOS 的主线程）中执行的。

Platform Channel 的具体使用例子可以参考官方文档 *Writing custom platform-specific code*。

2. Texture

在混合开发过程中，有时需要在 Flutter 页面上显示纹理，比如需要在 Flutter 页面播放视频，或者在 Flutter 页面上展示拍摄预览界面等。为此，Flutter 提供了与之相关的插件，用于视频播放的 video_player 和用于拍摄的 camera。而这两个插件都是使用一个名为 Texture 的 Widget 展示纹理的。

Texture 在 Flutter 中的使用非常简单，只需要传入一个 textureId 即可，Texture 显示的大小完全由其父亲决定。如果获得了一个 Texture 的 textureId，并且知道了这个 Texture 需要显示的宽和高，就可以非常轻松地将其显示到界面上。

```
SizedBox (
    child: Texture(textureId: textureId),
    width: 100,
```

```
    height: 100,
)
```

Texture 中的 textureId 对应的是平台端的一个后端纹理，这个 textureId 是由 TextureRegistry 生成的。先来看 Android 端的例子。

```
public class TexturePlugin implements FlutterPlugin {

    @Override
    public void onAttachedToEngine(FlutterPluginBinding binding) {
        TextureRegistry textureRegistry = binding.getTextureRegistry();
        TextureRegistry.SurfaceTextureEntry entry == textureRegistry.createSurfaceTexture();
        //获取textureId, 可通过Platform Channel传递给Texture
        long textureId = entry.id();
        //获取surfaceTexture, 用于渲染内容
        SurfaceTexture surfaceTexture = entry.surfaceTexture();
    }
}
```

可以看到，在创建一个 SurfaceTextureEntry 以后，除了可以获取 textureId，还有一个 SurfaceTexture。只要将需要显示的内容渲染到 SurfaceTexture 上，并将 textureId 传递到 Flutter 侧并构造出对应的 Texture，就能将内容展示到 Flutter 的界面上。

iOS 端的使用与 Android 端稍有不同，需要实现一个名为 FlutterTexture 的协议。在这个协议中，需要实现方法 copyPixelBuffer，该方法的声明如下。

```
- (CVPixelBufferRef _Nullable)copyPixelBuffer;
```

copyPixelBuffer 返回的 CVPixelBufferRef 最终会被渲染到 Flutter 界面上。

另外，iOS 端的 TextureRegistry 是一个协议——FlutterTextureRegistry。通过调用它的 registerTexture 方法注册一个 FlutterTexture，以获取 textureId。而等到渲染完成后，再通过 FlutterTextureRegistry 的 textureFrameAvailable 方法通知 Flutter，FlutterTexture 已经渲染完成，可以获取 CVPixelBuffer 并将其转为纹理，渲染到 Flutter 界面上。

以上就是 Texture 的基本使用方式，更多细节可以参考 Flutter 官方插件 camera 和 video_player 的实现细节。

3. PlatformView

在开发应用时，经常需要引入一些第三方的 View，如 WebView、MapView 和第三方广告 SDK 等。这些 View 的渲染通常是集成在 SDK 内部的，由于无法修改它的渲染目标，所以更无法使用外接纹理。

为了解决这些场景下的问题，Flutter 官方提出了 PlatformView 的解决方案，使得用户在 Flutter 界面"嵌入"一个 Native 界面成为可能。

前面说过，对 Flutter 界面上的任意一个元素，它最终都需要一个 GPU 纹理的载体来保证 Skia 可以顺利地将它在屏幕上绘制出来。但是对于一个 Native 的 View，需要怎样将它转换成一个纹理呢？

对于 iOS 端来说，并没有对应的 API 可以实现。所以 Flutter 官方对应的解决思路就是实打实地将 UIView "盖"在了 FlutterView 上面。

对于 Android 端来说，通过 VirtualDisplay 这个 API 可以将一个 AndroidView 的内容投影到一个 SurfaceTexture 上，然后 SurfaceTexture 绑定的纹理就存储了当前 AndroidView 上呈现的内容。在 Flutter 1.22 以后，Android 端也提供了与 iOS 端相似的实现方案，将 View 加入 View Hierarchy。在这种模式下，键盘处理、辅助功能等都可以开箱即用。

相对于外接纹理，PlatformView 迁移起来更方便。比如一个播放器，将整个播放器的 View 作为一个 Flutter 组件，不需要开发者关心渲染逻辑，但是它也有如下几个问题：

（1）Android 端性能问题。Flutter 官方也说了这是一种昂贵的方案，对于 Android 端来说，需要创建一个 VirtualDisplay 获取 AndroidView 里面渲染的内容。对于单个实例场景，比如地图、登录界面等来说还好，但是对于可能存在的多实例场景，如多个视频播放或者本书后面提到的图片方案来说，都不是一个好的选择。

（2）iOS 端的 UI 问题，从原理上可以知道 PlatformView 是在 iOS 端上"盖"了一个 UIView。而在 Dart 端就不能将它当作一个普通的 Widget 来操作，比如在上面叠加的 Widget 是无法显示的，比如 Widget 的一些 Decoration 的圆角、边框等也是无法实现的。

PlatformView 具体的使用例子可以参考 Flutter 官方文档 *Hosting native Android and iOS views in your Flutter app with Platform Views*。

2.2.3 小结

本节主要介绍了混合架构下的架构设计与应用，着重讨论了混合架构下的页面管理和平台能力复用。混合架构下的页面管理主要介绍了多引擎解决方案、基于视图复用的单引擎解决方案和基于引擎复用的单引擎解决方案。混合架构下的平台能力复用则介绍了 Platform Channel、Texture 和 PlatformView 三种常见技术。实际上，混合架构下还有诸多技术值得探讨，诸如图片组件、音视频技术等，我们将在后文重点讲解。

第 3 章
多场景应用架构和设计

本章首先介绍 Flutter 的通用编程模型，结合工程实践给出了模型的通用选择。并通过实际的业务场景和编程模型的融合，介绍与业务结合较紧密的几种应用架构。分别通过介绍流式、游戏、云端一体化场景下的架构设计原理和方案的演进，以及结合闲鱼具体业务改造落地过程中的具体问题进行阐述和分析。

3.1　Flutter 编程模型分析和实践

谈到架构，大家都喜欢先抛出一个定义。在某种程度上：需要架构的并不是目标程序本身，而是创造程序的人。因为架构的作用目标是人本身，需要创作者和实施者"合作"，建立某种"纽带"。然而，"纽带"的建立是需要场景的，身在不同场景下的创作者和实施者之间需要遵循某种东西建立"共通感"，才能"相向"而行，否则会背道而驰。本节介绍 Flutter 编程模型，分析其中的"纽带"和"共通感"。

3.1.1　架构设计的第一性原理

在讨论编程模型之前，先看架构设计需要遵循的某种"共通感"，基于此，尝试给出几个推荐原则。

1. 关于"概念抽象"的几个推荐原则

（1）奥卡姆剃刀。在能够解决问题的前提下，概念越少越好。

（2）相互独立，完全穷尽（MECE）。将原问题抽象分解成几个概念之后，概念之间有清晰的边界，相互没有重叠。这几个概念组合之后能够还原问题，没有遗漏。比如将"人"分解为"男人"和"女人"就很好，这种分解简单，而且不重不漏。如果分解为"大人""小孩""老人""中年人"，它们之间的边界模糊，而且不一定概括了所有人。

（3）保守性创新。在原有概念的基础上，"走一小步"做创新。因为概念是架构设计中连接设计者和实施者之间的重要纽带，双方拥有的"共识"越多越好。在这种情况下，不宜提出完全创新的概念，避免实施者不能判断概念的有效性而产生抵触，更不能偷换公共概念的内涵，这会导致效果上适得其反。

（4）优先做"合题"。面对问题，我们抽象出概念，这是"正题"。出现了新问题，不能归类到原概念，对原概念抽象提出了挑战，这是"反题"。通过抽象升级，更新概念，让它能兼容新老问题，这是"合题"。在迭代中，面对新增的问题，应该优先做"合题"，防止概念增多。

2. 关于"行为模式设定"的几个推荐原则

（1）单一职责。给行动节点设定明确的唯一目标。

（2）有限周期。设定生命周期是时间维度的体现，非常自然，易于理解。

（3）单向链条。要有核心的逻辑链条，方向清晰，分支越少越好。

介绍完一些基本的原则，接下来介绍 Flutter 基于这些原则设计的编程模型。

3.1.2 Flutter 编程模型分析

Flutter 应用是基于 GUI 框架开发的应用。对于 GUI 框架，数据是程序表象的底层，围绕数据处理抽象出 Model 概念，围绕界面构建抽象出 View 概念，最后通过行为模式链接。和 GUI 框架相比，Flutter 最大的差异是行为链接的行为差异化构建，按照时间的先后，依次出现过 Controller、Presenter、ViewModel 和 Store（Flux）等链接概念。

（1）Controller。作为最初的解决方案，无疑是简陋的，它职责不清，周期不明，扩展混乱，只是混沌的打包。

（2）Presenter。明确了职责，它要隔离 View 和 Model，所以确定了行为的方向，依然有不错的生命力。

（3）ViewModel。具体地定义了行为的模式，即双向绑定，明确而且清晰。

（4）Flux。大幅简化了行为模式，即单向数据流，行为可以用一个最简的函数表达（ui=f(data)），极其简洁。

再进一步分析，它们的发展分为两个方向——MVVM 和 Flux。目前，Flux 更流行一些，其单向数据流的思路更好地契合了函数映射，使得在编程语言上展现出一种"美感"。但其实它们各有优劣，也各有代表作品。MVVM 的思路简单而直白，虽然在理论上会有更好的性能，但在逻辑实现上更复杂，存在一些系统性风险，如相互绑定、相互影响以及容易陷入坏循环。Flux 简洁的单向闭环，在实现上很清晰，有可预期的行为。但是，它的简单映射是有代价的，需要类似 VituralDOM 技术的中间层，多少会影响性能，而且声明式的做法在表达上也很难说是完美的，它总是表达出一个预期"最终状态"。但有时候，就是要表达一个"过程"，比如说一个滑动，一段动画等，在 Flutter 中 View 的构建会使用某些 Controller，看起来和它的风格是格格不入的。

1. Flutter 基础编程模型

Flutter 在行为链接方面选择的是 Flux 方向，因为 Model 和 View 之间的行为已经极简地表达为一个函数了，感觉就像消失了一样。在 Flutter 中"一切皆是 Widget"，它为应用开发提供了两个基础的 Widget——StatelessWidget 和 Stateful Widget。

- StatelessWidget。它和一个纯函数是等价的，本质上是一个构建 UI 的纯函数。当 StatelessWidget 变复杂时，拆分它是非常简单且安全的，通常不会带来问题。
- StatefulWidget。它拥有运行时数据（也就是状态），需要管理数据（状态管理）。当复杂度上升以后，它会面临两个方向的问题：向内看，如何对 StatefulWidget 自身膨胀的复杂度进行拆分；向外看，如何在多个 StatefulWidgt 之间做数据（状态）共享。

所以，StatefulWidget 是 Flutter 应用架构设计的原点。Flutter 应用架构的设计在本质上就是从两个维度对 StatefulWidget 赋能，赋予 StatefulWidget 状态分治的能力和 StatefulWidget 之间信息通信的能力。

（1）StatefulWidget 状态分治的能力。StatefulWidget 可以简化地看成是 Model + StatelessWidget。上面讨论过，StatelessWidget 复杂性膨胀的问题很好解决，那么问题就变成了如何对 Model 做分治设计了。Model 的构成是数据和处理数据的逻辑，在另一些语境下，也叫作状态和处理状态的函数，在下面的表述中，这两种说法的意思是一样的。下面尝试从数据（或者叫状态）和逻辑（或者叫函数）的构成选择上列举所有可能的解法。

1）数据不拆，拆分逻辑。这种做法的特点是全局共用一个数据结构体对象，所有状态全部放在这个对象中。业界习惯叫作"统一状态管理"，如图 3-1 所示。只有一个数据对象，就消除了各个处理逻辑之间信息共享问题，逻辑内部没有状态，变得非常的纯粹（比如纯函数来实现），再将逻辑以合适的方式组合成一个整体，实现上界限清晰，简单优雅，代表的方案就是 Redux。如果采用这种设计方案，推荐使用函数式风格实现，这倒不是因为函数式"更高效""更优雅"，而是它与函数式的思路十分契合，在实现上更容易把握。用面向对象来实现也没有问题，最后的效果取决于所面临的工程环境和用户。Dart 提供的 Stream 在实现上非常有用，它是很好的函数组合工具。

2）逻辑不拆，拆分数据。可以把这种方法叫作"步进状态管理"，实际上这类似于状态机模式。但如果真要使用，状态必须是有限的，而且不能经常变动，如图 3-2 所示。这与互联网持续多变的业务需求实际是不符合的，所以几乎没有人采用这种设计。但在一些很严肃的业务场景中，比如交易流程，一旦确定下来就不容易变动。这时，步进状态管理就很适用了。

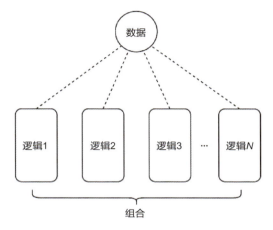

图 3-1　数据不拆，拆分逻辑

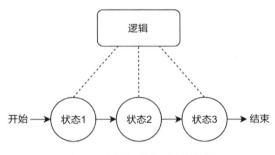

图 3-2　逻辑不拆，拆分数据

3）**同时拆分逻辑和数据**。这是最容易想到的方案，在更细的粒度上，将数据和它对应的处理逻辑拆分打包，变成更小的域（scope），然后统一协调这些子域（subModel），可以把这种方法叫作"组合状态管理"，如图 3-3 所示。进一步的方案可以统一定义 subModel 的基础行为，然后引入调度器或者路由来协调管理它们，subModel 之间还可以共享上下文来共享信息等。这种思路形式自由，可以采用的实现方式很多，经典的面向对象当然不在话下。scoped_model 采用的就是这种思路，scoped_model 的实现简单易懂，同时能力也比较有限。当然，也可以采用函数式的方式，虽然"高阶函数 + 闭包"也能很好地实现，但是目前没有看到相关的设计实现。此外，Dart 通过 with 关键字提供了 Mixin 特性，通过这种特性，可以得到更简洁的实现方案。比如，可以沉淀很多特定的 Model，然后通过 with 选择组合到业务

Model 中来。目前，flutter-hook 在做这方面的探索，flutter-hook 的核心就是利用 Dart 的 Mixin 特性来组合状态。

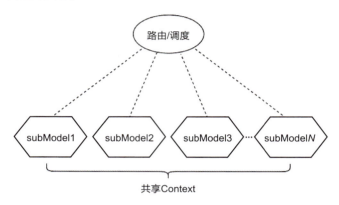

图 3-3　同时拆分逻辑和数据

（2）StatefulWidget 之间信息通信的能力。Flutter 将 StatefulWidget 组织成树形结构，在 StatefulWidget 之间通信的结构有两种：

- 通过全局域内的单例对象实现通信，这就是很常见的 EventBus 思路，这里不再展开分析。
- 通过共同的父节点实现通信，Flutter 提供的 InheritedWidget 支持这种方式。

大多数通信设计都选择基于 InheritedWidget，这也是 Flutter 官方推荐的方式，并且没有明显的缺点。如果说有缺点的话，就是要避免这种方式引起不必要的 Widget 刷新。另外要注意的是，对于 StatefulWidget 之间的通信方式，可以把它们归类为 Notify 模式、Transfer 模式和 Invoke 模式，如图 3-4 所示。

- Notify 模式。通知/监听模式，Flutter 提供了 ValueNotifier 和 ChangeNotifier，简单方便，适用于轻量信息通信，Provider 是这种类型的代表。
- Transfer 模式。数据传输模式，Dart 提供了 Stream 支持这种模式，它的通信是数据传输，类似于 Socket。但 Stream 的能力远不止于此，它可以组合函数变换，使数据的传输形态变得十分灵活，结合使用 StreamBuilder 构建界面，非常易用。BLoC 是使用这一模式的代表，现在已经被广泛使用了。
- Invoke 模式。接口调用模式，作为经典的 RPC 方式，在 Flutter 的编程模型设计中竟然很少见到。它确实有些重，但是具有其他模式没有的优势——它是双向的。在实际的业务开发中有过这样的诉求，相信后面会有一席之地。

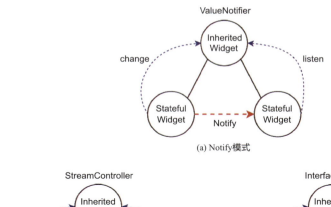

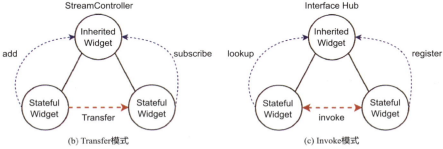

图 3-4　StatefulWidget 之间的通信模式

2. Flutter 应用编程模型

根据 StatefulWidget 状态分治和 StatefulWidget 之间的通信两个维度，将其组合后，形成了几大主流的编程模型，如图 3-5 所示。它们有的侧重解决状态分治，比如 flutter-redux、flutter-hook；有的侧重解决通信，比如 provider、BLoC；有的这两方面都有，比如 scoped_model、fish-redux。

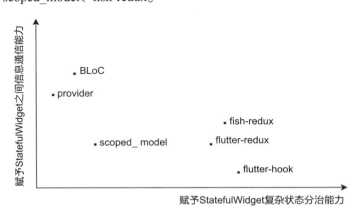

图 3-5　Flutter 应用编程模型

3.1.3 Flutter 编程模型实践

在实践中，应用编程模型方案选型时，需要考虑业务的特点与模型的能力，选择合适的编程模型。闲鱼在不同的业务中使用不同的编程模型，来满足不同的业务特色。下面将围绕在不同业务下的模型选择进行重点介绍。

1. 闲鱼 Flutter 详情页实践：同时拆分逻辑和数据

如图 3-6 所示，闲鱼的商品详情页由多个组件组成，其中有很多数据是组件之间需要共享的，其中一个组件修改了数据，其他的组件需要实时地感知，需要一个健全、敏捷的状态管理机制。同时，它有很多类目，比如普通宝贝、拍卖宝贝等。每个类目之下的组件有些是有共性的，有些是有特色的，为了让这些组件得到更多的复用，为了更加合适地共享这些共性数据，就需要有一个分治且可插拔的组件系统。

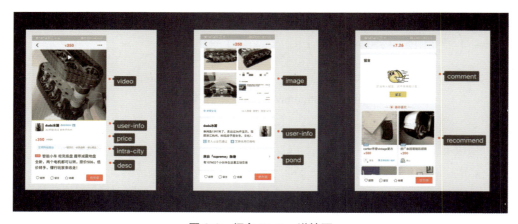

图 3-6　闲鱼 Flutter 详情页

例如，闲鱼的普通宝贝有 10 个通用组件和 3 个特色组件，拍卖宝贝有 8 个通用组件和 5 个特色组件，合适的顶层软件架构可以通过可插拔的组件系统，帮助宝贝详情快速地组建并上线。在实践中，需要同时拆分逻辑和数据，并且需要轻量信息通信。对于上面的两个特色能力，在实践中选择基于 Redux 结合 Component 概念实现的 fish-redux。在 fish-redux 中，组件既是对视图的分治，也是对数据的分治，可以很好地将复杂的详情页面相互独立地切分为几个小模块。同时，此编程模型还提供了 Communication mechanism 通信机制，自己优先处理，否则广播给其他组件和 Redux 处理（父到子、子到父、兄弟间等），满足所有的通信诉求。

通过这种方案，把分治关系做得非常清晰，逻辑和 UI 可以进一步分治，减少因为逻辑的不可分治导致的复杂且难以管理的问题，同时组件的分治让多个业务方解耦和共治变得更加合理。

```
30    class ItemBodyComponent extends Component<ItemBodyState> {
31      ItemBodyComponent()
32        : super(
33            view: buildItemBody,
34            higherEffect: higherEffect(() => ItemBodyEffectBuilder()),
35            reducer: asReducer(ItemBodyStateReducerBuilder.buildMap()),
36            dependencies: Dependencies<ItemBodyState>(
37              adapter: StaticFlowAdapter<ItemBodyState>(
38                slots: <Dependent<ItemBodyState>>[
39                  VideoAdapter().asDependent(videoConnector()),
40                  UserInfoComponent().asDependent(userInfoConnector()),
41                  ItemPriceComponent().asDependent(itemPriceConnector()),
42                  IntraCityComponent().asDependent(intraCityConnector()),
43                  SecuredComponent().asDependent(securedConnector()),
44                  DescComponent().asDependent(descConnector()),
45                  ItemImageComponent().asDependent(itemImageConnector()),
46                  OriginDescComponent().asDependent(originDescConnector()),
47                  ProductParamComponent().asDependent(productParamConnector()),
48                  VisitComponent().asDependent(visitConnector()),
49                  XianYuVideoComponent().asDependent(xianYuVideoConnector()),
50                  SameMoreComponent().asDependent(sameMoreConnector()),
51                  PondComponent().asDependent(pondConnector()),
52                  CommentAdapter().asDependent(commentConnector()),
53                  RecommendAdapter().asDependent(recommendConnector()),
54                  PaddingComponent().asDependent(paddingConnector()),
55                ]), // <Dependent<ItemBodyState>>[] // StaticFlowAdapter
56            ), // Dependencies
57          );
58    }
59
```

2. 闲鱼 Flutter 搜索页实践：数据不拆，拆分逻辑

闲鱼的搜索页由历史页、关键词推荐页和结果页等多个页面组成。虽然页面中模块本身并不是特别多和复杂，但在实际的业务开发诉求中，为了提升用户体验，保持顶部搜索条在页面切换时不动，需要将多个页面合为一个页面。每个页面的逻辑是单独隔离和分治的，需要一个敏捷的状态管理机制和快速数据共享的能力；同时，为了保证最新组件的刷新，需要明确数据更新的刷新范围。

如图 3-7 所示，在实践中，选择通信能力加强的 provider 编程模型。在 Flutter 中，组合大于继承的特性随处可见，常见的 Widget 实际上是由更小的 Widget 组合而成的，直到基本组件为止。为了使应用拥有更高的性能，provider 编程模型提供了 Consumer 能力，可以很好地控制 Widget 的刷新范围。在大多数情况下，provider 能够开发出简单、高性能和层次清晰的模块。

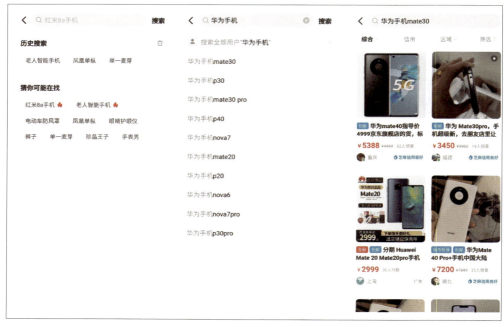

图 3-7 闲鱼 Flutter 搜索页

3.1.4 小结

本节讨论了 Flutter 的编程模型，最后结合模型选择的实践给出了几种选择，这些是应用架构的开始。实际中的应用架构要考虑与业务方的合作方式、人员组织结构（康威定律）和团队的技术方向等。所以，好的设计是一个开始，好的开始更是成功的关键。接下来，将业务场景和编程模型融合，给出与业务结合的应用架构。

3.2 流式场景下的架构设计与应用

目前，闲鱼的主要业务场景都基于流式场景构建。在闲鱼的主要几个业务场景中，存在两种类型的页面：一种是复杂交互的页面，如发布页面、商品详情页；另一种是轻交互，需要一定动态化能力，满足千人千面的运营配置及快速 A/B 实验的需求页面，如首页、搜索页面和我的等页面。

在这些轻交互、动态化运营的页面场景下，有很多共通的处理逻辑：页面的布局、数据的管理、事件逻辑驱动的数据变化以及数据驱动的视图状态更新。这些工作大部分都是重复的工作，具有重复的代码逻辑。

在研发效能、交付效率方面,业务的变化往往依赖于版本发布,动辄两周的发版周期,对于需要快速投放和响应的业务来说,上线时间过长将难以接受。

能否设计一种流式页面搭建方式,实现页面的快速搭建,减少重复代码,提升研发效能,提供业务动态化的能力,减少对发版发布的依赖,提高上线的交付效率?

为了解决以上问题,在 Flutter 版本首页改版的契机下,闲鱼设计了一套流式场景下的页面搭建架构设计。

3.2.1 流式页面容器架构设计

如图 3-8 所示,在流式页面容器架构设计过程中,面对实际的业务场景,通过以下几方面解决端到端的流式页面容器架构设计。

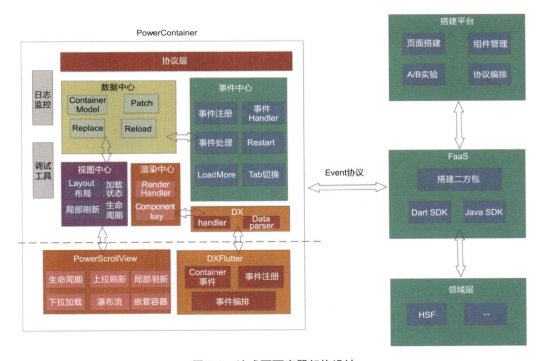

图 3-8 流式页面容器架构设计

- 在搭建平台侧,实现页面搭建、组件管理、协议编排等能力,与投放平台、A/B 实验平台和监控平台打通。
- 在客户端侧,采用 MVVM 模型,设计通用的事件协议,抽象通用的页面布局、数据管理及事件处理的能力,减少重复的代码开发,提升研发效率。在页面布局管理方面，与列表容器 PowerScrollView 深度结合，实现高效的页面渲染、数据驱动的页面刷新能力。
- 使用 DinamicX 作为 DSL，实现动态模板渲染，满足投放以及运营需求。
- 在与服务端通信协议方面，闲鱼一直在实践 Flutter+FaaS 的云端一体化开发，借助 FaaS 的能力，定义一套云端一体化的事件协议，解决业务逻辑动态化的问题，减少发版依赖，进而提升交付效率。

在流式页面容器架构设计中，重点包括以下几个核心模块：协议层、事件中心和数据中心。下面介绍这几个模块的详细设计。

3.2.2 协议的设计

在页面容器协议的设计方面，在综合闲鱼业务以及阿里巴巴集团的一些技术方案后，闲鱼采用了三层协议的设计：Page、Section 和 Component，如图 3-9 所示。

图 3-9 页面协议设计实例

- Page 层协议主要包含整个页面的 Section 信息,以及下拉刷新、上拉加载更多等配置信息。
- Section 层协议包含当前 Section 的布局信息、初始化 Event、LoadMore Event 及 Component 等信息。
- Component 层协议与具体业务相关,对于容器来说是黑盒的,具体如何渲染会交给业务方处理;默认提供 DX 解析渲染 Handler。

在通信协议的设计上,全部采用事件传递的方式,包括客户端与服务端、组件与组件、页面与组件、页面与 App 之间。这也是云端一体化的设计,理论上开发者只需要考虑事件的发送与接收,具体事件的处理在客户端还是在服务端,由对应的 Handler 决定。在云端一体化的设计下,事件的处理更加灵活,可以更方便地将逻辑后移,当业务发生变更时,减少对发版的依赖。

3.2.3 事件中心的设计

在 PowerContainer 的设计中,一切皆是事件(Event):不论是数据的更新、消息的传递、网络请求、服务端返回的结果,还是自定义的本地处理逻辑。闲鱼抽象定义了八种通用的事件类型,整个页面容器通过事件的流动,完成页面 UI 的渲染和刷新,以及业务逻辑的表达和执行,如图 3-10 所示。

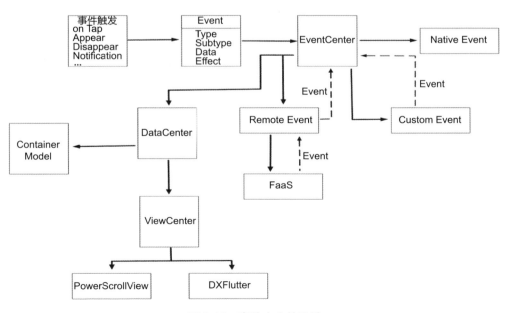

图 3-10 事件中心的设计

以一次网络请求为例,一次下拉刷新会获取每个 Section 的 initEvent 事件,并添加到事件中心;事件中心根据事件类型找到对应的 Handler 处理。

如果 initEvent 配置的是 Remote 请求,则交给 remoteHandler 发送网络请求,将事件传送给 FaaS 端;在 FaaS 端收到 Event 后,在 FaaS 端的事件中心分发,找到对应的 HSF 服务并获取数据,最后拼装成 Event 的方式,下发给客户端;客户端接收到之后,继续让 Event 在事件中心流动起来,如图 3-11 所示。

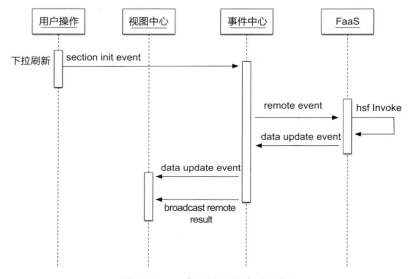

图 3-11 一次下拉刷新事件过程

在处理远端下发的事件之后,事件中心会发送事件结束的广播,便于业务处理相关自定义事件。

下面介绍通用事件的抽象:

- Restart 事件:指定整个 Page 或者某个 Section 的刷新事件,对于需要刷新的 Section,会将其 initEvent 事件加入事件中心。initEvent 事件一般为一个 Remote 事件,也可以是任意其他事件。
- LoadMore 事件:LoadMore 事件主要处理分页加载更多数据的场景。
- Update 事件:Update 事件主要处理数据源的更新及 UI 的刷新。
- Context 更新事件:每个 Section 都存在一个 Context 信息,代表了服务端与客户端请求的上下文信息;每个 Section 的 Remote 事件请求,都会默认将 Context 信息发送给服务端,相应的服务端可以下发 Context 事件更新指定

Section 的 Context 信息；具体使用场景，如分页加载的 page number 等。
- Replace 事件：Replace 事件替换 Section 信息，在 Tab 页面切换等场景中会使用。
- Remote 事件：远端请求事件。
- Native 事件：本地通用事件，如页面跳转、toast 提示和数据埋点等。
- Custom 事件：版本预埋的业务自定义事件。

3.2.4 数据中心的设计

在 MVVM 架构中，数据中心承担着 ViewModel 的角色，处理 Update 事件，主要负责数据的更新及 UI 视图的刷新。对于数据的 Update 事件，闲鱼根据自身业务场景抽象了几种通用的数据更新类型——overload、patch、override 和 remove。在 UI 渲染方面，闲鱼将列表容器 PowerScrollView 与动态模板渲染 DXFlutter 相结合，实现页面渲染及数据更新后的页面刷新能力。

1. 列表容器

PowerScrollView 是闲鱼实现的一套功能完善、高性能的列表布局容器，满足了页面容器对于瀑布流、卡片曝光、锚点定位等能力的需求。在视图渲染刷新方面，PowerScrollView 提供了列表的局部刷新能力，完美地解决了数据更新后视图的刷新问题。

在协议设计上，二级协议 Section 以及 Footer、Header 的设计与 PowerScrollView 的设计是一一对应的。二级协议 Section 定义了唯一标识 Key，在 UI 渲染中，对应到 PowerScrollView 的 SectionKey。在更新数据后，页面容器会根据 SectionKey 实现视图的局部刷新能力，如图 3-12 所示。

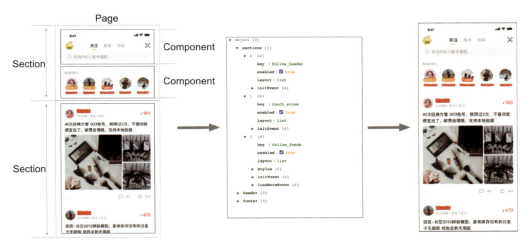

图 3-12　页面容器与 PowerScrollView 的结合

关于 PowerScrollView 的详细设计和介绍，请参考本书第 5 章。

2. 动态模板渲染

DXFlutter 使用阿里巴巴集团 DinamicX 作为 DSL，在 Flutter 端实现了高效的动态模板渲染的能力。闲鱼使用 DXFlutter 实现了 Component 层协议的动态模板渲染。

前文在介绍协议设计时提到过，Component 层协议对于页面容器来说是黑盒，那么 DinamicX 卡片事件是如何与页面容器 PowerContainer 打通的呢？黑盒的数据又是如何更新的呢？

```
<ImageView
    width="20"
    height="20"
    imageUrl="@data{data.item.exContent.suggest.iconUrl}"
    marginBottom="4"
    gravity="rightBottom"
    onTap="@powerEvent{'update', 'remove'}"
    >
</ImageView>
```

在 DSL 中，闲鱼自定义了页面容器 PowerContainer 的事件 powerEvent，通过它可以生成页面容器的通用事件类型，将 DinamicX 卡片事件与页面容器事件中心打通。以上面代码为例，点击"删除关注列表里面的推荐卡片"的场景，只需要在 onTap 的事件中定义一个 update 类型的事件，将 subType 设为 remove，即可实现数据的删除及删除后 UI 的渲染。

然而，这里没有定义任何标识，且列表中可以存在多个相同的卡片，又是怎么知道要操作的是哪一份数据呢？

这里为每个 Component 生成一个唯一的 ComponentKey，根据 SectionKey+ComponentKey 生成卡片的唯一标识。在每一个 powerEvent 事件中，会将 Key 传入事件中心，这样就定位到任意一个 Component 的数据 model，根据事件类型更新数据 model。同时，PowerScrollView 也可以通过 Key 操作 UI 的局部刷新。

3. Section 状态管理

在页面加载的过程中，往往需要展示一些加载状态的处理，如加载中的 Loading 动画、加载失败状态的重试按钮、没有更多内容状态的提示信息等。

在协议的设计方面，每个 Section 定义了 state（状态），在事件中心处理 Remote

请求事件和应答事件时，会更新 Section 的 state。通过注册 render handler，针对 Section 的不同状态返回加载状态 Widget。

```
void updateSectionState(String key, PowerSectionState state) {
final SectionData data = _dataCenter.findSectionByKey(key);
  if (state == PowerSectionState.loading) {
    // 从ViewCenter的config获取loadingWidget
    final Widget loadingWidget = _viewCenter?.config
        ?.loadingWidgetBuilder(this, key, data);
  // ViewCenter调用replace section方法更新UI
    _viewCenter.replaceSectionOfIndex(loadingWidget);
    // 标记需要刷新Section
    data.needRefreshWhenComplete = true;
  } else if (state == PowerSectionState.error) {
  ...
  } else if (state == PowerSectionState.noMore) {
  ...
  } else if (state == PowerSectionState.complete) {
    if (data.needRefreshWhenComplete ?? false) { // 判断是否需要更新Section
      final int index = _dataCenter.fineSectionIndexByKey(key);
      if (index != null) {
        final SectionData sectionData = _dataCenter.containerModel.sections[index];
        final PowerSection section = _viewCenter.initSection(sectionData);
        _viewCenter.replaceSectionOfIndex(index, section);
      }
      data.needRefreshWhenComplete = false;
    }
  }
}
```

当 Section 状态发生变化后，通过 PowerScrollView 提供的 replaceSection 方法，刷新 UI 视图。

4. Tab 容器支持

在闲鱼首页的场景中，页面容器需要支持 Tab 容器的布局能力。PowerContainer 又是如何支持 Tab 容器的支持呢？

闲鱼在 Section 的协议中引入了插槽（Slot）的概念，当搭建页面时，会指定 Tab 容器的 Slot Section，默认不展示任何信息的空插槽。当每一次切换 Tab 容器时，通过 Replace 事件修改页面容器的 Section 信息。

```
void replaceSections(List<dynamic> sections) {
  if (sections == null || sections.isEmpty || _dataCenter?.containerModel?
      .sections == null) {
    return;
  }
  for (int i = 0; i < sections.length; i++) {
    SectionData replaceData = sections[i];
    assert(replaceData.slot != null);
    // 寻找Section list中与Slot匹配的index
    int slotIndex = _findSlot(replaceData);
    // 更新dataCenter
    _dataCenter.replaceSectionData(slotIndex, replaceData);
    // SectionData 转换为PowerScrollView所需的PowerSection
    final PowerSection sectionData = _viewCenter?.convertComponentDataToSe
      ction(replaceData);
    // 更新viewCenter
    _viewCenter?.replaceSectionOfIndex(slotIndex, sectionData);
    //将替换Section的Restart事件发送到event center
    sendEventRestart(replaceData.key);
  }
}
```

PowerScrollView 同样也提供了 replaceSection 方法，与上文提到的 Section 状态管理相结合，完美地解决了 Tab 容器的切换和加载状态管理问题。

3.2.5 小结

本节主要介绍了在轻交互、动态化运营场景下，如何从页面搭建、协议设计、端侧容器的实现、动态模板渲染和云端一体化的事件交互等方面，设计并实现一套流式页面搭建能力，实现页面的快速搭建，提升研发效能。同时，提供业务动态化的能力，减少对发版发布的依赖，提高上线的交付效率。

目前，页面容器 PowerContainer 在闲鱼首页 Flutter 版本重构中设计并落地。使用 PowerContainer 后，极大地减少了首页三个 Tab 页面的重复代码，代码逻辑统一管理，降低了一半的人日工作量。

这样一套页面容器的设计并不适用于所有的业务场景，而是更适合以展示为主、轻交互、动态化运营的业务场景。云端一体化的事件协议，在服务端需要事件协议的封装，这也使得与 Serverless 的场景更加适合。

闲鱼未来还会在搭建平台侧做更多的尝试，真正实现所见即所得的快速页面搭建效果。在业务逻辑动态化方面，目前更多的是通过与 FaaS 的结合、逻辑后移的方式解决。但目前仍然无法解决本地自定义事件依赖发版的问题，未来在这方面也会有更多的尝试，做到低代码甚至是无代码的业务开发。

3.3　Flutter 场景下的多媒体架构实践

移动端基础设施的升级往往推动着上层内容承载主题的变迁，从 2G、3G 时代的文本内容为主，到 4G 时代图片、视频等多媒体内容逐渐占据主要舞台。闲鱼在整个 Flutter 实践过程中，在多媒体领域也碰到了各种各样的问题。本节将阐述 Flutter 多媒体领域的几个重要组件以及基本原理，然后从具体例子入手，剖析使用这些组件时遇到的问题以及解决方案。

3.3.1　基本概念：外接纹理、Channel、FFI 和 PlatformView

纹理是承载计算机数据的重要概念。可以说屏幕上能看到的所有东西，不管是文字还是图片，它们的最终载体都是纹理。它代表着 GPU 里的一块内存数据，通过一些图形 API，程序可以对其进行读取和编辑等操作。

Flutter 是一个基于底层跨平台渲染框架（Skia）的 UI 跨平台开发框架。框架本身通常是没有提供对应的 API 的，比如相册、摄像头和播放器等。为了解决这些问题，Flutter 提出了两种思路：PlatformChannel 和 Dart FFI。通过这两种思路，Dart 可以调用 Native 端原生的系统 API。

1. PlatformChannel

PlatformChannel 是一种异步的消息传递通道，Dart 端和 Native 端通过 Channel

可以实现消息的传递，进而实现调用对应的方法。

Flutter 提供了三种 Platform Channel：BasicMessageChannel、MethodChannel 和 EventChannel，用来支持和 Native 之间数据的传递。

通常来说，使用 MethodChannel 实现 API 的调用。这里需要强调的是，Channel 本身有数据的拷贝操作，所以不适合传输图片等大量数据，但是它可以用作数据指针地址的传输，这一点在讨论 Flutter 图片方案时会介绍。

2. Dart FFI

与 Java 的 JNI 相同，Dart 语言也提供了一种跨越运行时边界访问（C/C++）代码的机制——FFI。相比于 Channel 的机制，FFI 在调用效率上提高了一个量级。

同时，相比于 Channel，FFI 也有一些不可避免的缺陷。

（1）易用性。FFI 只能调用 C/C++ 代码，所以在 Native 端，还需要写一层与平台相关的封装层。iOS 平台相对容易，在 Android 平台中，如果需要调用一些与平台相关的 Java API，还需要写一层 JNI 的调用逻辑，并不是很方便。当然，现在也已经有一些研发人员开始着手解决这个问题，包括闲鱼的 X-Platform 框架也在致力于 Dart 对 Native 的无差异调用。

（2）回调。在 Flutter 里，由于 Dart 编译的机器码运行在 UI 线程中（通过 isolate 异步调用除外），所以当 Dart 调用 Native 代码时，如果有耗时操作，则会阻塞 UI 线程，造成界面卡顿。但是如果使用异步回调机制，则因为 Dart 本身的垃圾回收机制，回调函数运行时因为变量的生命周期问题会出现异常错误，所以 Dart FFI 调用是不支持异步回调的。

FFI 和 Channel 一样也不支持大批量数据的传输，所以在常见的多媒体场景中，不论是拍摄、编辑等生产场景，还是播放器、图片组件等消费场景，这些场景产生的图像数据帧都不能通过 Channel 或者 FFI 传到 Flutter 端。

为了支持这些场景，Flutter 提供了解决方案——外接纹理。

3. 外接纹理

Flutter 引擎层的一个重要概念是 Layer Tree，它是 Dart Runtime 输出的一个树状数据结构。树上的每一个叶子节点代表了一个界面元素，如 Button、Image 等。如图 3-13 所示，每一个叶子节点代表了 Dart 代码排版的一个控件，可以看到最后有一个 TextureLayer 节点，这个节点对应的是 Flutter 里的 Texture 控件。注意，这里的 Texture 和 GPU 的 Texture 不一样，这里是 Flutter 的控件。当在 Flutter 中创建出一个 Texture 控件时，代表在这个控件上显示的数据需要由 Native 提供。

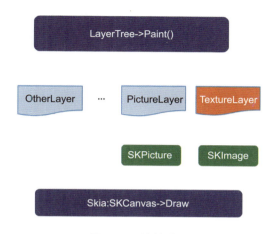

图 3-13 外接纹理

而 Native 和 Flutter TextureLayer 之间的数据通信载体就是平台原生 API 提供的 CPU 和 GPU 内存共享的组件：iOS 端是 CVPixelBufferRef，Android 端是 SurfaceTexture。Native 端通过将需要展示的图像帧数据写入共享内存组件里，Flutter 端 TextureLayer 就可以获取对应的数据，然后通过数据创建出一个图像纹理，最终交给 Skia 显示。

3.3.2 多媒体消费端实践：视频播放器

视频播放器可以说是很多应用都需要具备的一个功能。本节将以视频播放器场景为例，介绍 Flutter 在多媒体场景下遇到的一些问题及解决方案。

前面提到，Flutter 通过 Plugin 的形式实现一些本身不提供的能力，Flutter 官方也提供了播放器的 Plugin 供开发者使用。

官方提供的播放器的基本原理基于外接纹理方案，并且 Native 端实现的逻辑基于系统播放器，这也导致了播放器的兼容性会差一些。闲鱼最初基于官方的方案实现了第一个版本，后来发现线上的一些视频播放会有问题，如卡顿和绿屏等，并且缺少一些诸如预加载、本地缓存等功能。为了解决这些问题，闲鱼尝试在 Native 端的播放器内核中接入阿里巴巴集团自研的视频播放器。但在接入过程中，遇到了一些问题。

1. 基于外接纹理的播放器方案

第一个是解码数据的格式问题（iOS 端）。虽然 iOS 端系统播放器的视频帧输出格式可以人为指定输出为 YUV 格式或 RGBA 格式，但是阿里巴巴集团自研播放器的视频输出格式只支持 YUV 格式。Flutter 的外接纹理组件能接收的 Native 端 CVPixelBufferRef 格式只支持 RGBA 格式（最新的版本已经可以支持 YUV 格式），所以需要做一次格式转换。

关于格式转换有几种方法：

（1）基于 libyuv 开源库的格式转换。这个方案实现起来最直观也最简单，但是性能较差，当视频分辨率大且帧率高时，会出现较大的 CPU 消耗及发热问题。

（2）基于 GPU 的格式转换。通过 OpenGL 将原来的 YUV 数据加载成纹理，然后通过 OpenGL 的 RTT（Render To Texture）技术，将原始的 YUV 数据渲染成一个 RGBA 的数据。这个方案将耗时操作由 CPU 转换到了 GPU，相对来说性能较好，但是存在一个内存读取的问题，通过 RTT 技术渲染得到的纹理，需要通过 glReadPixel 的方式读取出来，这个函数本身也非常耗时。

（3）基于共享纹理的方案。为了解决上述的内存读取问题，闲鱼修改了 Flutter Engine，使其除了支持 CVPixelBufferRef 的外接纹理方案，还支持 OpenGL 纹理的外接纹理方案[①]。但是这个方案需要修改 FlutterEngine，因此不便于推广。

（4）基于 CPU 和 GPU 共享内存的方案。为了方便 CPU 和 GPU 的内存交换，iOS 端和 Android 端都提供了内存共享的机制。iOS 端称为 CVOpenGLESTextureCacheRef，Android 端称为 SurfaceTexture。从内存共享组件中可以获取对应的 OpenGL 纹理，而将这个纹理作为 RTT 渲染的目标对象，就可以将数据顺利地渲染到纹理中。这个方案性能达标，同时也不需要修改 FlutterEngine，是最优的方案。

第二个是渲染线程卡顿的问题。Flutter 在 FlutterEngine 启动以后，一共分配了四个线程：UI 线程、I/O 线程、GPU 线程和 Platform 线程，其中和 Flutter 渲染流畅性密切相关的是 UI 线程和 GPU 线程。UI 线程负责通过 Dart Runtime 生成当前帧的 RenderTree，而 GPU 线程则负责渲染 RenderTree。所以，只要这两个线程有卡顿，具体表现就是界面的卡顿。

在 Flutter 外接纹理中，iOS 端获取 CVPixelBufferRef 的方式是拉模式，也就是由 TextureLayer 直接调用 copyPixelBuffer 的方式获取，而这个地方是在 GPU 线程中调用的。所以，对于外部的 copyPixelBuffer 实现，如果有任何的耗时操作，比如加锁等，都会导致播放器的卡顿。

---

① 炉军．万万没想到——Flutter 这样外接纹理．https://zhuanlan.zhihu.com/p/42566807．

2. 基于 PlatformView 的播放器方案

除了外接纹理方案，也有一些开发者尝试了基于 PlatformView 的方案。相比于外接纹理方案，该方案的好处是实现简单，几乎不用对原有播放器进行深入的修改。但问题也是之前讨论过的：性能问题和 Widget 的特性缺失等。另外，当播放器组件作为 ListView 的一个 Cell 出现时，当 ListView 拖动时，iOS 端会出现播放器移动滞后的问题，可能是因为 Flutter 在计算 UIView 位置时有一定的滞后。

3.3.3 多媒体消费端实践：图片组件

在绝大多数的 App 里，图片的使用场景比视频要多。并且图片从下载到解码再到渲染，相对来说流程比较固定，所以 Flutter 提供了标准的图片 API，如下载 ImageStream、解码 ImageDecode、缓存 ImageCache 和渲染 Image。

通常来说，为了极致的浏览体验，一个大型 App 的图片组件都会经过多轮精雕细琢，如缓存策略、CDN 策略和格式优化等。当一个 App 迁移到 Flutter 上时，一个不可避免的问题就是这些策略可能需要重新实现一遍。

如何解决这个问题？本节介绍三种原理完全不同的策略，它们的主要目的都是复用 Native 端已有的图片能力。

1. 基于外接纹理的图片组件

如图 3-14 所示，将每一张图片假想成一个静态的视频。图片的内容由一个 ExternalTexture 负责显示，由 Native 端提供具体的渲染数据。

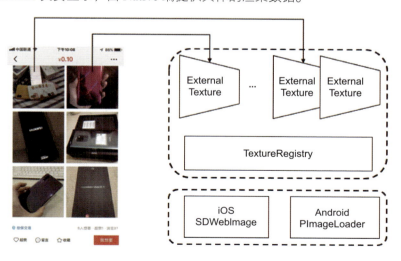

图 3-14　外接纹理

通过这种方案，便可以通过 ExternalTexture 这座桥梁，将 Flutter 作为 Native 端图片的一个最终展示场所。所有的下载、缓存和裁剪等逻辑操作都可以复用 Native 图片库。

前面提到过，外接纹理更新 Texture 的逻辑是运行在 GPU 线程中的，所以如果纹理更新逻辑耗时过高，会引起界面卡顿。由于外接纹理是基于共享内存组件的，所以相对来说能够达到比较理想的读取速度。但是在图片场景下，一个界面中通常会有多张图片，也就是说存在多个外接纹理的组件。

在 Flutter 1.12 版本之前，外接纹理组件没有做更新冻结的逻辑，每次 Paint 进行逻辑调用时，都要更新纹理。这样引起的问题是当图片增加时，在界面滑动过程中，由于非常频繁地调用纹理更新逻辑，界面会出现异常的卡顿。Flutter 1.12 版本增加了更新冻结逻辑，如下所示。

```
bool IOSExternalTextureGL::NeedUpdateTexture(bool freeze){
    // Update texture if 'texture_ref_' is reset to 'nullptr' when GrContext
    // is destroied or new frame is ready.
    return (!freeze && new_frame_ready_) || !texture_ref_;
}
```

当更新完成一次纹理后，除非纹理的内容有变化（比如 GIF 图），其他时间会复用之前的纹理数据，这个策略在静态图片场景中是非常重要的。

2. 基于 Flutter 引擎层扩展图片加载器的方案

Flutter 提供了引擎层的 Dart 和 C++ 交互的方式——RegisterNatives，它的原理和 FFI 是一致的。Flutter 的图片解码逻辑其实就是通过这种方式调用 Native 的图片解码能力的。

基于该思路，AliFlutter 扩展了 Flutter 图片组件，增加了 ExternalAdapterImage 对象，它基于 FlutterEngine 一个自定义的图片加载模块 ExternalAdapterImage FrameCodec，这个模块将会调用外部的实现类加载相应的图片资源，并将结果通过回调返回给 Dart 端。具体介绍见相关文章。[1]

3. 基于内存地址传递的图片方案

前文提到 Platform Channel 不适合作为大量数据的传输通道，所以将 Native 端图片数据整个打包并传递到 Flutter 端是行不通的，但是数据的内存地址可以通过

---

[1] 王乾元. 混合栈开发，看 AliFlutter 如何解决图片问题（完整方案）.https://developer.aliyun.com/article/753812.

Platform Channel 传递。

Dart FFI 框架提供了 Pointer 类，用来表示一个 C/C++ 的指针地址。并且提供了 asTypedList 方法，将 Pointer 类转换为 Uint8List 对象。而 Flutter 的图片 API 提供了 decodeImageFromPixels 方法，通过这几组方法，可以将一个 Native 图片地址转换成一个 Image 对象。基础逻辑如下所示。

```
Pointer<Uint8> pointer = Pointer<Uint8>.fromAddress(handle);
//handle是Native端中一张图像的内存地址
    Uint8List pixels = pointer.asTypedList(length);
    ui.PixelFormat pixelFormat = Platform.isAndroid ? ui.PixelFormat.
rgba8888 : ui.PixelFormat.bgra8888;
    ui.decodeImageFromPixels(pixels, width, height, pixelFormat,
        (ui.Image image) {
        //这个回调里的image对象是Flutter可以使用的image对象
    }, rowBytes: rowBytes);
```

3.3.4 Platform 线程和 EGLContext

视频发布器身处整个多媒体生态链路的另一头，相对于播放器来说，它又有一些特殊的地方。在音视频的生产端，通常需要非常多的视频处理逻辑，比如滤镜、贴纸、挂件和转场等，这些处理逻辑基本上都是基于 OpenGL 的。闲鱼在开发 Flutter 发布器的过程中，碰到过页面跳转以后整个 Flutter 界面花屏的情况，还伴随着视频画面闪烁一些表情符号等现象。经过排查，最后发现是主线程的 OpenGL 问题。

前面提到 FlutterEngine 里运行了四个线程，其中一个非常重要的线程是 Platform 线程，它其实对应着 Native 开发的主线程。前面提到的 Dart 和 Native 之间重要的通信机制 Platform Channel，就强制运行在这个线程上（如果 Native 端在非主线程调用 Channel 方法，会直接报错）。

在 FlutterEngine 内部，EGLContext 也是在 Platform 线程上创建的。同时，Flutter 会将 Platform 线程的 Current Context 设置成它创建的 EGLContext。并且 EGLContext 也会被设置成 GPU 线程的 Current Context。也就是说，在 FlutterEngine 里，主线程和 GPU 线程其实共用一个 EGLContext，如图 3-15 所示。

在混合栈（Flutter 和 Native 界面共存，互相跳转）的实践过程中，在创建或销毁 Flutter 界面时，也可能伴随着 FlutterEngine 内资源的创建和销毁。比如引擎里的 GPUSurfaceGL 对象，它的创建和销毁的逻辑都是运行在 Platform 线程上的。

并且它的创建和销毁逻辑都会调用 setCurrentContext，从而抢占 Platform 线程的 EGLContext。

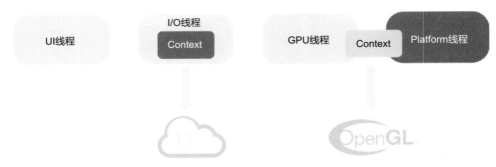

图 3-15　Flutter 线程架构

通常来说，一个设计优秀的视频发布器会将所有的处理逻辑运行在自己创建的线程里，主线程不会有 OpenGL 操作。但是经常会有遗漏的场景，如一些对象的析构函数等，不经意间运行在了主线程中。这时，如果这些析构函数在调用开始的地方没有加上 [EGLContext setCurrentContext] 的调用，则会导致 OpenGL 环境出错，很有可能误删了 Flutter 里的 OpenGL 对象，导致渲染异常或者程序崩溃。

所以，当在 Flutter 混合环境中开发音视频、地图或游戏等产品时，需要特别注意不能在主线程操作 OpenGL，或者说当操作 OpenGL 时，需要在逻辑开始的地方抢占主线程的 Current Context。具体示例如下所示。

```
- (void)destroy{
    [EAGLContext setCurrentContext:g_resourceContext];
    //这里执行释放OpenGL资源操作
    glDeleteTextures(1, &_texture);
    CFRelease(_videoTextureCache);
}
```

3.3.5　小结

本章介绍了 Flutter 场景下从生产端到消费端的多媒体链路的开发所涉及的一些技术点，以及对应的解决方案。Flutter 音视频开发首先是音视频开发，然后才是 Flutter 开发。

首先，相比于传统的音视频开发，在 Flutter 场景下会将以下的一些问题放大，开发者需要格外注意：

（1）内存问题。FlutterEngine 启动占了较大内存，所以对于内存消耗较大的音视频来说，开发者更加需要遵循"省吃俭用"的原则，并贯穿于整个开发设计过程中。

（2）线程问题。主线程不能有 OpenGL 操作，这点在前文已经提到。

（3）异步调用。因为 Flutter Channel 是异步调用的，所以可能一些原有的同步逻辑都需要改成异步化并保证稳定性。

然后，相比于普通 Flutter 业务开发，音视频开发又有非常大的不同。它的 Native 端逻辑的开发可能占了过半的工作量。因此，相对于普通的业务开发，Flutter 的跨平台特性在这个领域的优势其实并没有发挥得很明显。但是，随着 Flutter 和 FFI 的日益流行和完善，Flutter 多媒体相关的 API 可能并不止于图片组件，也会见到诸如 Camera、OpenGL 和 MediaCodec 等音视频领域的 Dart API（已经有人基于 FFI 实现了 Dart 版本的 OpenGL）。

或许到那时，Flutter 场景下的多媒体开发才是真正的跨平台开发。

3.4 游戏化场景的架构设计与应用

近年来，游戏化业务成了一个新的风口，把在游戏中一些好玩的、能吸引用户的娱乐方式或场景应用在 App 当中，以达到增加用户黏性，提升日活跃用户数量的目的。同时，在一些需要对用户有引导性的场景中，将业务游戏化还可以使用户更易于接受并完成引导性任务，并通过激励的形式鼓励用户持续沉浸在任务当中，形成良性循环。

游戏化有很多种方式，其中最直接的是在应用中嵌入小游戏。目前，内嵌小游戏一般采用 H5 小游戏的方式，而这种方式存在一些隐患，并不被很多应用商店推荐。因此，需要寻找一种新的、安全的方式实现内嵌小游戏，并且希望这种方式对应用开发友好、性能稳定且功能齐全。

3.4.1 技术选型

Flutter 天然就有较好的跨端生态，所以如果能找到以 Flutter 为基础编写的游戏引擎，就能够满足我们的需求。Flame 引擎目前是 Flutter 生态中比较不错的一款小游戏引擎，但因为其主打的是轻量化，导致存在很多无法满足需求的地方：

- 没有使用 Flutter 的开发方式，而是通过 Game 和 Componet 定义了一种新的游戏开发框架，无论是对于 Flutter 开发或是传统游戏开发来说都不友好。

- 与 Flutter 的融合较为生硬，Flame 引擎完全采用 Canvas 实现，在游戏场景中无法实现局部刷新，存在性能隐患。并且缺少 GUI 系统，场景内嵌套 UI 比较难。缺少手势事件系统。
- 动画支持格式不主流，骨骼动画支持 Flare（一种新的动画制作软件），不支持 DragoneBone（一种在前端领域较为流行的骨骼动画制作软件）。且粒子动画对主流格式的支持也不够友好。
- 资源管理存在内存问题，资源加载后一直不会释放。

正因为存在这些问题，使得闲鱼没有直接使用 Flame 引擎，而是决定重新设计一款 Flutter 互动引擎。该引擎在整体架构上与传统游戏开发的 ECS 标准对齐。在绘制、手势和资源管理方面，通过与 Flutter 进行深度融合，复用 Flutter 的原有体系。并且在此基础上补充动画库，支持如骨骼、粒子、Lottie 等高阶动画，以增强表现能力。

3.4.2 引擎总体设计

通过分析游戏化业务需要的能力最小集，以及特定业务场景的定制化能力，可以得到如图 3-16 所示的互动引擎架构，下面会围绕这张架构图展开。

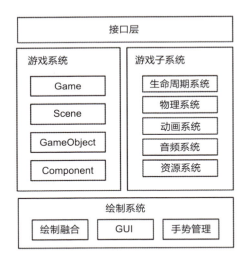

图 3-16 互动引擎架构

1. 接口层

对外暴露的游戏接口主要包含创建游戏、创建游戏对象和添加游戏组件等接口，同时还封装了一些常用游戏对象、常用游戏组件的工厂接口。

2. 游戏系统

游戏系统是游戏世界的管理系统，主要管理 Game、Scene、GameObject 和 Component 间的组织关系，还控制游戏子系统和绘制系统的启动与关闭。

3. 游戏子系统

游戏子系统作为游戏化能力的补充，主要包含生命周期系统、物理系统、动画系统、音频系统和资源系统，被游戏系统调用。

4. 绘制系统

绘制系统负责游戏的绘制。因为互动引擎的绘制系统会和 Flutter 绘制逻辑高度融合，所以兼容了 GUI 系统和事件系统（手势管理）。

3.4.3 游戏系统

为了让游戏开发更容易上手，闲鱼对标 Unity 设计。游戏系统有下列四大元素：

（1）Game。游戏类，负责整个游戏的管理，Scene 的加载管理及各子系统管理和调度。

（2）Scene。游戏场景类，负责游戏场景中各游戏对象的管理。

（3）GameObject。游戏对象类，游戏世界中游戏对象的最小单位，游戏世界中的任何物体都是 GameObject。

（4）Component。游戏组件类，表示游戏对象的能力属性，比如 SpriteComponent 提供了绘制图片和形状的能力。

GameObject 通过组合 Component 的形式让自己拥有各种能力，不同的组合让 GameObject 相互之间不同。游戏系统的架构如图 3-17 所示。

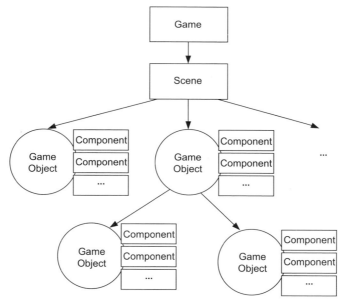

图 3-17 游戏系统架构

3.4.4 渲染系统

基于融合 Flutter 绘制体系的思考，不能直接在 Canvas 上绘制整个游戏，需要将游戏对象和 Flutter 的绘制对象 RenderObject 结合起来，这样才能使得 Flutter 原有的 UI 框架与引擎无缝地融合。同时，通过这种方式，可以反向赋能给 Flutter 应用开发人员，让 Flutter 应用开发人员能使用熟悉的 Widget 开发方式。如图 3-18 所示，站在游戏开发者、App 开发者和底层渲染的视角看引擎的渲染系统，都能找到自己熟悉的开发方式。

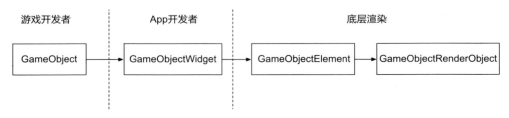

图 3-18　不同视角下的渲染系统

底层渲染使用的都是 Flutter 原有 Element 的 RenderObject，在开发时可以选择更适合游戏开发者的 ECS 模型，也可以选择更适合应用开发者的 Widget 方式。在实现方面，很自然地想到可以在原有的 Flutter 三棵树模型上新增一层 GameObject 层，GameObject 和原有的 RenderObject 一一对应，它们之间的对应关系如图 3-19 所示。

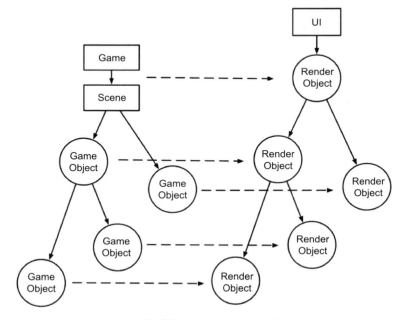

图 3-19　互动引擎与原 Flutter 渲染树之间的关系

在实现过程中，需要解决的核心问题是坐标转化，可以使用两种方式实现。

第一种是采用相对坐标的方式，通过 Canvas 操作可以控制画布的特性，保证父亲对孩子的影响，这也是 Flame 使用的方式。但这种方式与 Flutter 融合后，在使用重绘边界（RepaintBoundary）的情况下会产生致命的缺陷。重绘边界是 Flutter 中实现局部刷新的一种特性，通过给相应的 RenderObject 打上 isRepaintBoundary 标记，能够使其变为重绘边界。重绘边界的特性圈定了每次刷新的区域，合理的重绘边界可以使得 UI 能够在一个尽量小的范围内更新。但是在绘制时，重绘边界对应的对象及其孩子会使用一个新的 Canvas，这个 Canvas 并没有包含之前经历过的变换，这就打破了之前的体系，导致之前父亲所有的约束都会失效。

为了解决这个问题，闲鱼使用了第二种方式，参考 Flutter 中的 RenderTransform 中的实现方式，利用 TransformLayer 的特性，将 Canvas 的操作交给引擎层聚合。具体的方法为先计算出变换矩阵，之后调用 context.pushTransform，创建出一个 TransformLayer 即可。当然，创建过多的层对最终的绘制性能有影响，所以这里只会在遇到重绘边界时使用该方法，其他时候只对 Canvas 进行相应的矩阵变换。下面给出一段获取变换矩阵的示例代码。

```
Matrix4 getTransformMatrix() {
  final Matrix4 result = Matrix4.identity();

  // 平移到坐标原点位置
  result.translate(localLeftTopPosition.x, localLeftTopPosition.y);

  final Matrix4 scale = Matrix4.diagonal3Values(localScale.x, localScale.y, 1);
  final Matrix4 rotate = Matrix4.rotationZ(localRotation);

  final double dx = origin.x * width;
  final double dy = origin.y * height;

  // 移到原点位置
  result.translate(dx, dy);
  // 缩放
  result.multiply(scale);
```

```
// 旋转
result.multiply(rotate);
// 移回原来位置
result.translate(-dx, -dy);

return result;
}
```

3.4.5　游戏内界面系统

传统游戏引擎的游戏界面（GUI）系统往往对开发者不够友好，闲鱼通过将绘制融合到 Flutter 体系，很好地利用了 Flutter 原有的 UI 开发体系，解决了 GUI 系统的难题，使得游戏开发者可以使用开发普通应用 UI 的方式开发 GUI 系统。

在实现上，通过绘制融合，每一个游戏对象都可以对应一个 Flutter 中的 Widget。所以设计了一个特殊的游戏对象，并将其命名为 GUIObject，其支持插入一段 Flutter 的 Widget 树作为自己的孩子。每一个 GameObject 都需要实现对应的 Widget、Element 和 RenderObject。对 Widget 和 Element 不需要做太多的特殊处理，只需要在实现 RenderObject 时重写 layout、paint 和 hitTest 逻辑，将这些逻辑与渲染系统中的普通 GameObject 对齐即可。

在使用上，GUI 的示例代码如下。

```
final GUIObject gui = IdleFishGame.createGUI(
  'gui',
  child: GestureDetector(
    child: Container(
      width: 100.0,
      height: 60.0,
      decoration: BoxDecoration(
        color: const Color(0xFFA9CCE3),
        borderRadius: const BorderRadius.all(
          Radius.circular(10.0),
        ),
      ),
```

```
    child: const Center(
      child: Text(
        'Flutter UI示例',
        style: TextStyle(
          fontSize: 14.0,
        ),
      ),
    ),
    behavior: HitTestBehavior.opaque,
    onTap: () {
      print('UI被点击了');
    },
  ),
  position: Position(100, 100),
);
game.scene.addChild(gui);
```

3.4.6 事件系统

在绘制融合到 Flutter 体系的基础上,闲鱼融合了事件系统,增加了手势处理组件 GestureBoxComponent,如图 3-20 所示。

整个流程分为下列几步:

- GestureBoxComponent 将开发者注册手势回调方法注册到手势识别器中。
- GameObject 对应的 RenderObject 复写 hitTest 逻辑,按 Flutter 规范处理点击的 hitTest。通过 GestureBoxComponent 判断点击是否该被消费。
- GameObject 复写 handEvent,将点击事件传递给 GestureBoxComponent 消费。
- GestureBoxComponent 收到点击事件后,将其传递给手势识别器进行处理。
- 手势识别器在将点击传递给手势竞技场后开始手势竞技,将胜出的手势返回给手势识别器,最终返回并做出手势事件响应,当然这一步属于 Flutter 逻辑。

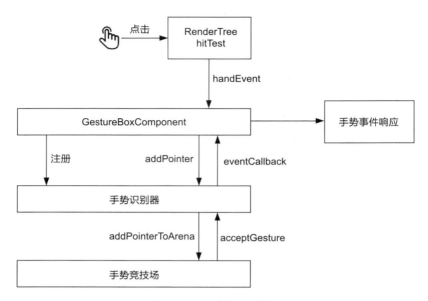

图 3-20　手势处理流程

3.4.7　生命周期系统

在与 Flutter 融合后，通过对标 Unity 和 Flutter 特性，闲鱼设计了如表 3-1 所示的生命周期，共有八个回调，基本可以满足互动游戏业务开发的需求。

表 3-1　生命周期

回调	含义	Flutter 时间点
onInit	初始化	游戏元素被添加后执行
onAwake	游戏对象被激活	attachRenderObject() 执行前，Element 状态刚被置为 active
onStart	游戏对象即将被绘制	mount 执行结束，RenderObject 被插入 RenderTree，下一帧会被绘制
onResume	游戏继续执行	监听 WidgetsBinding 的 AppLifecycleState 的 resumed 回调
onUpdate	更新（每帧回调）	采用 TickProviderStateMixin 提供的 Ticker 回调
onLateUpdate	所有 onUpdate 执行完成后	在 Ticker 回调中执行完所有的 Update 后调用
onPause	游戏暂停执行	监听 WidgetsBinding 的 AppLifecycleState 的 paused 回调
onDestory	游戏对象被销毁	unmount 执行结束，Element 会从 UI 树中移除

3.4.8 动画系统

动画是互动中很重要的一环，通过恰到好处的动画形式，往往可以给用户更加新鲜的体验。现在主流的应用使用的动画可以大致分为：属性动画、骨骼动画和粒子动画。下面对这三种动画逐一介绍。

1. 属性动画

属性动画可以归纳为补间动画，当游戏每一次更新时，只需要将对应的属性值改变，自然就形成了动画的效果。那么，每一个时刻的值应该是多少呢？这就需要一个插值器。Flutter 的 Animation 为插值器提供了很好的支持。在使用 Animation 时，是不是通过每一次触发刷新后，从 Animation 中取出 value 并赋值到相应的地方？同理，在这也是一样的。下面给出一段更新属性值动画的示例（在实际使用中注意判空）。

```
void onUpdate(UpdateParams params) {
  final double value = animation?.value;

  // 位移
  final Position position = startPositon + (endPosition - startPositon) * value;
  gameObject.transformComponent.localPosition = position;

  // 旋转
    final double rotation = startRotation + (endRotation - startRotation) * value;
  gameObject.transformComponent.localRotation = rotation;

  // 缩放
  final Vector2 scale = startScale + (endScale - startScale) * value;
  gameObject.transformComponent.localScale = scale;
}
```

2. 骨骼动画

若要制作骨骼动画，必然要先对骨骼动画本身有基础的了解，需要介绍几个关键的概念。

- 骨骼（Bone）：骨骼是骨骼动画的基本组成部分，骨骼之间存在父子关系，父亲的变换会影响到孩子。一般通过骨骼的旋转、缩放和平移等变换即可形成动画。
- 骨架（Armature）：骨架是骨骼的集合，骨架中至少包含一个骨骼。
- 插槽（Slot）：插槽是图片的容器，也是骨骼和图片的桥梁。一根骨骼可以挂载多个插槽，可以认为骨骼是插槽的父节点，骨骼的变换会影响插槽。
- 显示对象（DisplayData）：显示对象通常为图片。一个插槽中可以有多个显示对象，但同时只有一个会被显示，通过修改当前显示的对象可以形成帧动画。

顾名思义，"骨骼"就是骨骼动画的核心部件，正是因为这种模仿生物的骨骼设计，使得设计师可以通过调整骨骼的参数，让角色做出丰富且自然的动作。由于骨骼是包含了父子关系的树状结构，而 GameObject 也是一个树形结构，很自然地会想到每一根骨骼就是一个 GameObject，每一个插槽就是对应的 Component。但这里有一个很严重的问题：因为在绘制时，后绘制的对象一定是覆盖在最上层的，所以用树状结构绘制时，父子间的绘制顺序是一定的。如图 3-21 所示，绘制顺序只能是身体→衣服→披风，或者是衣服→披风→身体，显然无论哪一种都是错误的。

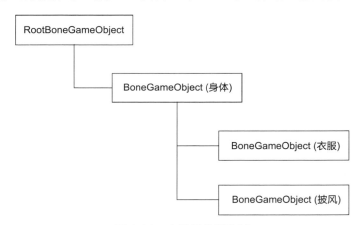

图 3-21　未拍平的骨骼树

闲鱼的解决方法是将这棵树拍平为列表，如图 3-22 所示，把每一个插槽都作为一个 GameObject，并根据 Zorder 排序，最终会得到一个排好序的插槽列表，在渲染时根据插槽列表依次渲染即可。

这样的做法会带来一个新的问题：插槽的位置信息数据都是相对数据，在使用树状的结构渲染时并没有问题，但是现在拍平之后，渲染的位置该如何确定呢？

因为骨骼中的参数都是相对值，这样做的好处在于当改变父骨骼位置时，子骨骼天然地会受到父骨骼的影响而变换位置。所以，其实这个问题就是如何把相对值变为绝对值，如图 3-23 所示，可以通过一些简单的数学计算解决。在 Flutter 中，可以通过自定义一个 Transform 类，并封装相应的变换函数实现坐标的转换，这样做的好处在于可以重载相应的运算符，以便做动画时直接使用。

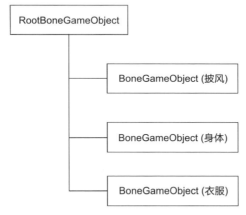

图 3-22　拍平后的骨骼树

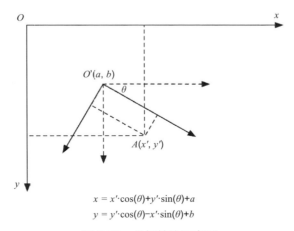

图 3-23　坐标转换示意图

解决了核心的坐标问题，剩下的就是动画了。骨骼动画其实是由每一根骨骼的多个属性动画复合而成的，动画针对每一根骨骼及插槽，简单骨骼可以拆分为以下几个动画。

- 骨骼（插槽）的位移动画；
- 骨骼（插槽）的旋转动画；

- 骨骼（插槽）的缩放动画；
- 插槽的透明度动画。

通过之前提到的属性动画的实现方式，可以在这里完成相应的动画。

在解决骨骼动画的渲染以及动画的核心问题后，再来看骨骼动画的完整架构图（见图3-24），整个架构分为三层。

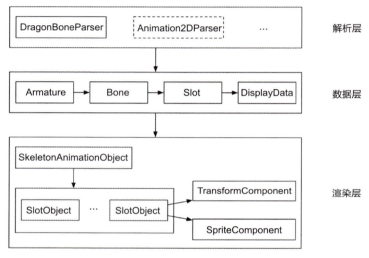

图 3-24　骨骼动画架构图

解析层：考虑到市面上有很多种骨骼动画的编辑器，为了兼容不同的编辑器，增加了一层解析层，将不同的编辑器生成的产物转化为预定好的、相对通用的骨骼结构数据。

数据层：Data 层是一个相对通用的骨架数据，其内部包括了骨骼数据、插槽数据、展示对象数据和动画数据等。通过骨架数据，可以知道最终应该渲染什么内容。由于第一个兼容的编辑器是 Dragonbone，所以这些数据中属性的定义大多参照了 Dragonbone 中的定义，这里不再对每一个属性展开介绍。

渲染层：一个骨架就是一个独立的 GameObject，骨架中的每一个插槽都会对应一个子 GameObject。骨架中的骨骼起到的是辅助计算渲染坐标的作用，通过插槽所属的骨骼计算出渲染时要用的绝对坐标，并填充到相应的 TransformComponent 中。最后，显示对象中的图片使用 SpriteComponent 渲染到正确的位置上。

3. 粒子动画

粒子动画是由在一定范围内随机生成的大量粒子产生运动而组成的动画，被广泛运用于模拟天气系统、烟雾光效等方面。在电商平台的微型游戏化场景中，粒子动画主要用于呈现在能量收集、金币收集时的特效。在引擎中，粒子动画主要通过粒子动画组件（ParticleComponent）实现，主要由如图 3-25 所示的三部分组成。

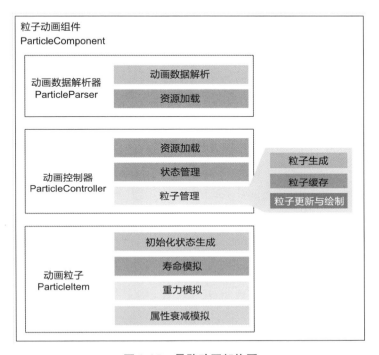

图 3-25　骨骼动画架构图

（1）动画数据解析器。动画数据解析器（ParticleParser）用于解析不同工具导出的粒子动画数据文件，这里做了一个粒子动画格式兼容层，便于拓展兼容不同工具制作的粒子动画。目前，主要支持 Egret Feather 工具制作的粒子动画，同时它也负责加载粒子动画需要的图片等资源。

（2）动画控制器。动画控制器（ParticleController）主要负责整体粒子的效果，包括：资源加载，动态加载粒子纹理和粒子数据；状态管理，管理粒子动画的播放、停止；粒子管理，管理动画所有的粒子，包括粒子生成、粒子缓存及所有粒子的更新与绘制。

- 粒子会优先从粒子缓存池中获取，保证内存性能。
- 粒子生成会按配置保证一定的随机性，使得粒子效果更加自然。
- 跟随引擎节奏更新和绘制每一个粒子，同时将死亡粒子清理到缓存池。

（3）动画粒子。动画粒子（ParticleItem）主要负责单个粒子的一些能力：

- 初始化状态生成：按数据的配置保证一定的随机性。
- 寿命模拟：初始化之后，会随机给出一个具体的寿命，保证粒子在到达寿命时间后就会死亡，不会再被绘制。
- 重力模拟：简单模拟重力，结合初始速度和方向，用于计算粒子新的速度与方向。
- 属性衰减模拟：对粒子的各种属性，比如大小、透明度和尺寸等，按数据配置的方向，随时间而衰弱，达到粒子慢慢变老的效果。

粒子动画的实现主要关心两部分——粒子创建和粒子更新。粒子创建是在生成新粒子时，根据粒子的配置入参，随机给出粒子的初始状态。特别是当模拟天气等真实场景时，具有一定的随机区间的粒子属性会使得动画表现得更加自然。粒子更新是在每次时钟回调时，需要根据当前的动画插值实时地更新粒子状态，再根据新的粒子状态绘制出新的粒子，每一个粒子的动画其实都可以被认为是一个独立的属性动画。

每一个粒子在每一个时钟回调中都需要计算出自己当前的新属性，如果粒子不能及时地销毁，则计算量会无限膨胀，所以粒子生命周期的实现至关重要。Egret Feather 一般通过屏幕最大粒子数控制动画粒子数目，但为了减少不必要的计算，需要的是生成粒子的间隔时间，所以得出了一个简单的换算公式：

$$生成粒子的间隔时间 = 粒子寿命 / 屏幕最大粒子数$$

3.4.9 资源系统

目前，互动引擎的资源系统相对简单。资源系统的设计思路是复用 App 中原有的资源系统，确保整个 App 只有一个资源库，减少内存开销，提高资源复用率。如图 3-26 所示，在游戏系统和资源系统中间增加了一层资源代理，兼容 App 资源系统和兜底资源系统。若没有注册 App 的资源系统，系统会自动地调用兜底资源系统。

图 3-26 资源系统

兜底资源系统分为两部分，一是兜底图片库，复用 Flutter 的 ImageCache，复用 Flutter 的能力做内存管理；二是动画 JSON 资源管理，目前只实现了 JSON 读取逻辑，由于 JSON 复用性不高，所以目前并没有实现缓存管理。

3.4.10 小结

目前这套互动引擎已经支撑了闲鱼的闲鱼币以及盒马的盒马小镇两大游戏业务。在实际落地过程中，Flutter 互动引擎与 H5 相比，在性能方面的优势更加明显。从目前的情况来看，该引擎比较适合在 App 的主游戏场景中使用，这类游戏场景用户的访问频次较高，且对动态化能力的依赖较弱。在这样的场景中使用该引擎，可以使得页面的用户体验得到较大的提升，进而提升相应的业务指标。

3.5 云端一体化的架构设计与应用

如何进一步降低开发者的门槛？如何快速完成企业的商业目标？本节主要是针对这些问题的思考、设计与实践。首先是大前端与服务端协作方式的演进。然后展开介绍下一代研发模式 Flutter + Dart FaaS 云端一体化的设计与应用，包括三端语言一体化、通信一体化、编程模型一体化、工程一体化和 RPC 通信机制。最后通过介绍一体化架构设计、前后端分工和开发成本的思考，帮助读者对云端一体化研发模式有更深入、更立体的理解。

无服务架构（Serverless）被誉为下一代云计算，自概念推出以来，因为能带来研发交付速度提升与成本的降低，在业内引起巨大反响。闲鱼客户端基于 Flutter 进行架构演进与创新，通过 Flutter 统一 Android 和 iOS 两端并提升研发效能之后，希望通过 Flutter + Serverless 解决以下问题，从而进一步提升整体的研发效率。

- 多角色沟通协同，导致整体研发效率低。
- 移动端离业务越来越远，服务端没有时间在底层领域沉淀。
- 整体的演进过程都是以同一个人、同一种语言为前提，探索同一种编程思路、同一套编程模型、同一个研发体系的一体化，一个与之前的研发模式完全不同的理念。

3.5.1 一体化设计演进

1. 研发模式的演进

如图 3-27 所示为研发模式的演进，前后端依次经历了三次演进，包括不区分前后端、前后端分离与云端一体化。

图 3-27　研发模式演进

（1）不区分前后端。Web 早期不区分前后端，一位开发人员能够完成前后端功能的开发，前端网页与后端代码都写在一个工程中。此阶段的好处是结构简单，开发与调试速度快。缺点是不适合复杂的业务，因为在 JSP 中可以写 Java 代码，复杂业务很容易造成职责不清晰，JSP 可维护性越来越差，而且前后端放到一起导致部署越来越困难。

（2）前后端分离。随着业务越来越复杂，开发者负责前后端研发已经变得效率低下。此阶段前后端分离，前端涌现出了 AJAX、AngularJS 和 Freemarker 等技术，服务端出现经典的 SSH（Structs、Spring 和 Hibernate）框架。前后端分离的优点是职责清晰，开发更高效，可维护性提升，双端可独立部署。缺点是双端存在大量的协同，沟通与协同成本提升。移动互联网也沿用了这种模式。

（3）云端一体化。随着移动互联网的爆发，服务端需要服务于 PC、Android、iOS 和 H5 等多种前端。服务端总是有一个疑问：服务端在设计接口时，是应该面向 UI，还是应该面向通用服务？一个方案是抽取一部分服务端作为服务于前端的后端（Backend For Frontend，BFF），作为前后端之间的适配层，核心是解决数据的聚合与编排，重新探索更合理的分层协作模式。

服务端写 BFF 带来新的问题，总是包接口，无法提升个人能力。如果 BFF 由端侧（客户端或前端）研发人员开发，则可以解决这个问题，依靠 FaaS 客户端研发人员具备的服务端开发能力，能够独立完成业务的客户端与服务端开发需求，形成完整的业务闭环。FaaS 的价值不仅仅是客户端研发人员编写 BFF 层代码，而是工作边界的变化，让客户端研发人员更深入地理解业务，从而为公司创造更多的价值。

2. 三端语言一体化

Serverless 由 BaaS（Backend as a Service）与 FaaS（Function as a Service）两部分组成。BaaS 主要包括数据库存储、消息队列等，针对复杂的需求，建议由服务端在

BaaS 层封装领域服务供 FaaS 层使用。作为端侧开发人员，核心关注客户端与 FaaS 层的代码开发。

目前，FaaS 层环境已经支持 Java、Kotlin、Swift、Dart 和 Node.js 等多种语言与框架，闲鱼通过 Android（Flutter）、iOS（Flutter）、FaaS（Dart Runtime）使用 Dart 语言开发，实现三端语言统一，有效地降低了 FaaS 层的语言学习成本，如图 3-28 所示。

图 3-28　三端编程语言可选方案

3. 通信一体化

在以往，客户端将每一次的端上改动和当前数据都以 Request 的形式发送给服务端，由服务端算出在该操作下新的价格应该是多少，并以 Response 的形式返回给客户端，如图 3-29 所示。双方之间的一纸约定仅仅靠一个 JSON 格式文件。在这种情况下，服务端的代码和客户端的代码有不同的目的，即需要知道当前是在写客户端代码还是写服务端（FaaS 层）的代码，然后按照之前的 JSON 结构约定，拼出对方想要的数据结构。

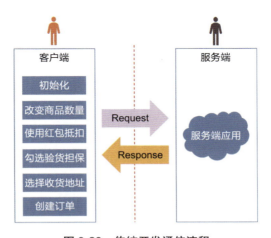

图 3-29　传统开发通信流程

75

但是，我们希望客户端研发人员写 FaaS 层代码时尽量不要有明显的感知。而 FaaS 层里实际上封装的是一个个函数，例如客户端调用增加购买商品数量（仅针对玩家的宝贝），返回值是全新的 State 数据，包括价格。其实客户端（Android/iOS）上也有一些操作可以理解为一个个函数，例如弹出一个 toast（显示库存不足），抑或是打开一个指定页面或唤起收银台。将双端的能力函数化后，可以设计出如图 3-30 所示的一体化通信方式。

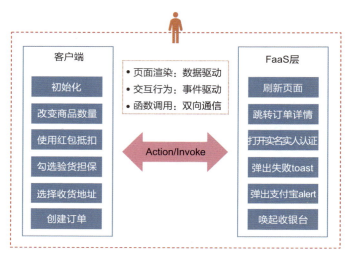

图 3-30　一体化通信方式

在这种通信方式的理念下，闲鱼设计了一套横跨 FaaS 层和客户端的框架，用于处理通信协议，屏蔽了网络层具体的 JSON 格式文件，并且双端注册函数的方法以及发出 Action 的调用方式是一样的，让开发者无须感知调用的函数具体在哪里，如图 3-31 所示。

通过一体化框架屏蔽通信细节，前后端用同一份 State，降低了协议转换成本，前端研发人员在调用 FaaS 层服务时，如同调用本地函数一样简单。

4. 编程模型一体化

在屏蔽了具体的通信协议并降低通信成本后，接下来要考虑新的编程模型应该如何设计。研发人员经历了 MVC、MVP、MVVM 时代，随着 Flutter 的流行，因为其与 Native 采用完全不同的渲染方式，使得 Flux 的理念得以落地。Flux 定义了一套单向数据流的原则，在 Flutter 一体化下，基于前后端一体化的整体考虑，设计了一体化编程模型，如图 3-32 所示。它总共包含三个模块：Render、Converter 和 Model。其中，只有 Render 部分在客户端上，页面上的渲染数据全部来自 FaaS 层转化的 ViewModel（State）。当界面上有交互发生要改变 State 时，就将事件（Event）发送

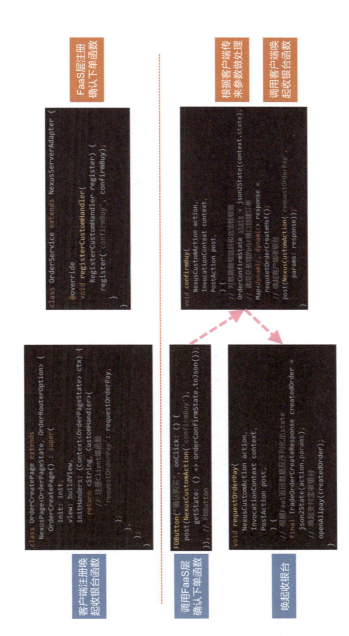

图 3-31　下单确认页一体化源码示例

出去，最后路由到 Model 层进行处理。Model 层根据这个事件，可能会从后端领域拉取原始业务数据，然后由框架将数据交给 Converter 转成渲染所需要的 State。通过这样的方式，以前后端一体化的思路组织和模块化代码。这种设计也得益于通信成本的降低。

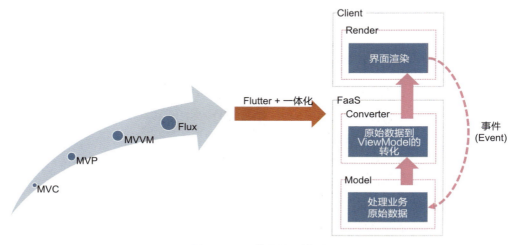

图 3-32　一体化编程模型

3.5.2　云端一体化架构升级

1. 工程一体化

对于客户端研发人员来说，开发 FaaS 层代码和 Flutter 代码时需要同时打开两个 IDE 来回切换，是一件很麻烦的事，尤其当对 State 有修改时更是如此。基于此，闲鱼做了工程一体化的工作，将 FaaS 层业务代码和 Flutter 业务代码放到一个工程目录下，且都单向依赖通用代码（例如 State 和工具方法），Flutter 主工程再以 git 依赖的方式将工程引到工程里，如图 3-33 所示。

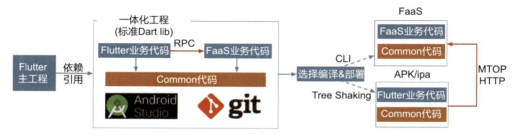

图 3-33　工程一体化

有读者可能会有疑惑，将双端代码放到一个工程中后，如何处理编译与部署？客户端通过 Flutter 的 Tree Shaking 机制，把 FaaS 层代码与其引用的 Library 拆剪掉。FaaS 层代码基于 Dart 语言开发，通过源码依赖分析，生成部署产出物时拆剪掉 Flutter 代码，从而实现一体化工程的选择性编译与部署。业务研发人员已经完全不需要区分哪里是 FaaS 层代码，哪里是客户端代码，也不用关心代码部署在哪里，只需要专注业务逻辑部分的代码即可。

2. 工程一体化 RPC 通信机制

下单页的代码采用的是事件驱动的方式，得益于三端语言一体化，通过实现类 RPC（Remote Procedure Call）机制，双端以函数调用的形式通信。服务端的 RPC 框架（例如 Dubbo）是基于 Java 反射实现的，由于 Flutter 无法使用反射，所以通过 Dart 注解实现 RPC 机制，如图 3-34 所示。

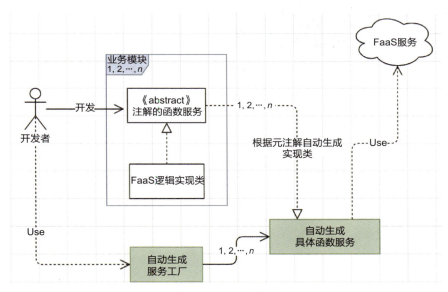

图 3-34　RPC 流程

当研发人员需要获取服务端数据时，只需定义接口与实现 FaaS 层的业务逻辑即可。客户端的请求与服务端的请求处理的模板代码都由工具自动生成，客户端请求代码根据注解提取，包括接口信息、接口版本、请求参数和响应数据类型等，服务端代码通过自定义脚本输出服务端 FaaS 格式的框架与目录结构，具体代码如图 3-35 所示。

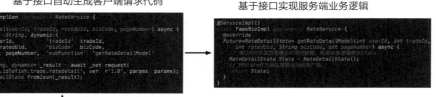

图 3-35　评价详情页工程一体化代码示例

3.5.3　一体化架构设计

前面介绍的都是应用层的设计，云端一体化的运行需要一整套机制。接下来从架构的角度分析新的研发模式，如图 3-36 所示。

FaaS 层需要支持 Dart Runtime 环境，此处分为四层：provider pub 适配多个 Serverless 平台；上层的 Dart Runtime 是基于官方的源码编译的，尽量不做改动；Proxy RSocket 是中间件调用层，闲鱼实现了调用各种中间件的插件机制；最上层是业务最小依赖的代码业务 pub，例如 FaaS 层代码中用到的 Context。

服务端已经有很多非常强大的中台能力，如果一体化无法复用原有服务端的能力，开发成本会比较大，则通过实现 JProxy 框架提供 Dart 调用 Java 中间件的能力。

三端语言一体化、通信一体化、编程模型一体化、工程一体化与 RPC 机制都属于应用框架层。

早期使用的工具链是基于 Shell 与 Go 语言实现的，为了便于开发者可以针对工具链定制，后续会基于 Dart 语言实现工具链，功能包括环境搭建、项目编译、热部署与获取日志等。

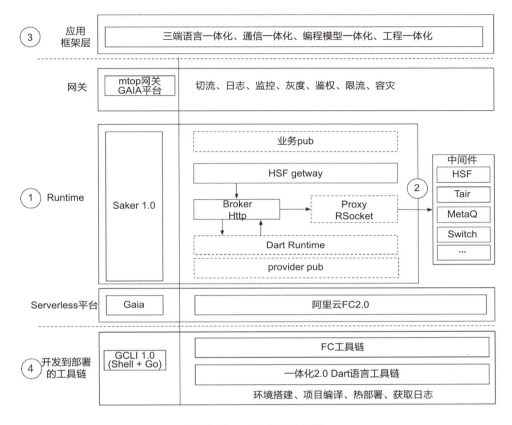

图 3-36 一体化架构设计

3.5.4 云端一体化研发模式思考

1. 前后端分工

前面的一系列工作降低了客户端研发人员编写 FaaS 层代码的复杂度，使得新的生产关系得以落地和推广。除了在交易链路，闲鱼还在其他的一些业务逐渐落地，慢慢地摸索出了一种新的前后端研发人员的工作划分。其中，FaaS 层参考了 BFF 层的定义，称为 SFU（Serverless For User）层，因为这一层是客户端研发人员为了用户而写的，而不是为了另一个技术栈的同事写的。这一层负责聚合、裁剪和结构化各领域数据，服务于客户端本身，承载多变的功能。而服务端研发人员会更加专注领域建设，提供领域服务，如图 3-37 所示。

图 3-37 前后端分工

2. 成本

通过对通信层、编程模型、学习领域、中间件知识和工程组织等方面的调整，可以大大降低客户端研发人员编写 FaaS 层代码的成本。相比之前用"Flutter+ 服务端"的研发模式，一体化的研发模式抹掉了前后端接口约定、Mock 数据开发、编写前后端重复代码、前后端联调、定位问题时前后端转交 Bug、遇到问题前后端沟通修改接口协议等环节，主要是协作沟通的成本。随之而来的问题是，客户端研发人员需要学习业务领域接口，熟悉各个接口的 QPS、RT 和降级策略，并做好业务整体技术方案的设计。但这些成本只在一开始存在，从以往落地的经验来看，可以通过如下两种手段逐渐消除成本。

- 老工程师带路。和一位服务端研发人员一起制订技术方案，由服务端研发人员把控服务端应用。
- 熟能生巧。学习相关的业务知识与 HSF 领域服务，多解决几次问题，"吃一堑，长一智。"

当我们把交易链路等复杂场景的架构升级为一体化架构后，承接过公司的两个创新型业务需求。当评审和开发时，都仅需要一位客户端研发人员参加，并且只花了不到半天的时间就完成全部的开发工作，大大缩短了新业务的上线时间。即使用户层存在 Bug，也只需要一个人解决，因为代码都是一个人编写的，能快速定位到 Bug 的具体位置，如图 3-38 所示。这对提升团队的整体信心是非常显著的。

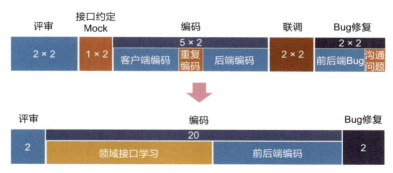

图 3-38　传统开发与一体化开发成本对比

3.5.5　小结

本节首先介绍前后端协作的演变,包括前后端一体化、前后端分离与下一代研发模式——Flutter + Dart FaaS 云端一体化。在云端一体化场景下,Android、iOS 与 FaaS 三端都采用 Dart 语言开发,客户端与服务端通信时使用同一个 State 对象,当调用 FaaS 层服务时,如同调用本地函数一样简洁。在编程模型上,由原来的 MVX 升级为 Render、Converter 和 Model 三个模块组成的单向数据流形式。

其次,介绍了工程一体化与 RPC 通信机制,目的是使得任何一位研发人员都能在一个工程中只使用一门语言,就能完成一个业务的前后端开发工作。

最后向读者介绍了云端一体化落地需要考虑的一体化架构设计,包括 Serverless 平台、Dart Runtime、网关、应用架构与开发工具链。云端一体化架构不只是新的技术方案,其价值更在于扩展了端侧的工作边界,带来生产关系的重塑。

(1) 协同效率提升。相比 Flutter 带来的双端一体化来说,三端一体化的架构进一步提升了整体的研发效率。

(2) 业务闭环。端侧还可以更快速地反馈与响应业务,经过不断尝试,从而搭建更完善的产品模型,为业务创造更多的价值。

(3) 人员成长。端侧从只关注用户体验的开发资源转变为整个业务研发的技术负责人,从只关注端侧的局部视角到专注业务闭环的全局视角。Faas 层调用底层领域服务来完成自己的业务,原来的服务端可以专注于领域建设。

目前,Dart Runtime 已经集成到阿里云,待时机成熟时,会考虑对外开放一体化能力。

第 4 章
性能优化和高可用体系

本章首先介绍 Flutter 高可用标准有哪些；然后从性能视角，介绍首屏、流畅度和动画的优化思路；再从稳定性视角，介绍异常、内存泄露、CPU 使用率的治理思路；最后从可持续发展视角，介绍卡顿、页面可交互时长、代码规范的检测分析思路，帮助读者建立一套包括标准制定、优化治理和长期维护的完整体系。

近几年，跨平台技术不断涌现，一种是以 Hybrid、小程序为代表的基于 WebView 渲染的技术，如图 4-1(a) 所示。因为此技术的性能取决于 WebView 的性能，所以其理论性能低于原生 App。另一种是以 ReactNative、Weex 为代表的基于原生渲染的技术，如图 4-1(b) 所示。因为多了一层脚本语言转原生 UI 的过程，所以其理论性能也低于原生 App。

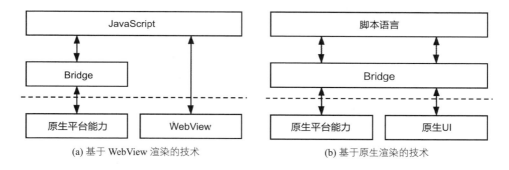

图 4-1　跨平台技术设计图

Google 公司摒弃了以上两种方案，采用 Dart 作为上层 App 开发语言，其中 Dart 支持 AOT 编译模式，视图数据提供给 Skia 引擎直接渲染为 GPU 数据，如图 4-2 所示。

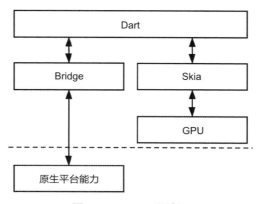

图 4-2　Flutter 设计图

理论上，Flutter 拥有原生 App 的性能。在 Flutter 新赛道上，如何构建新的高可用体系是一个新的命题。本章将拆分为四个方面进行详细介绍，包括高可用标准、性能优化最佳实践、稳定性保障最佳实践和可持续发展的高可用体系。

4.1　Flutter 高可用标准

构建高可用体系的第一步是先制定标准，有了标准才能公平地衡量 App 的表现。为了更好地衡量检测和优化 App 性能和可用性，将高可用指标分为以下两类：

- 性能体验视角：这类指标衡量用户能否流畅地操作 App，能否快速地看到页面内容，如 App 启动速度、首屏显示时间、流畅度、CPU 使用率和请求接口响应速度等。
- 稳定性视角：这类指标衡量用户操作被异常中止的概率，如错误异常率、内存使用率和请求接口成功率等。

以下重点从首屏显示时间、流畅度、CPU 使用率、错误异常率和内存使用率几个角度进行分析。

4.1.1　首屏显示时间

首屏显示时间是指从用户在 A 页面点击等操作触发页面打开，到页面内容稳定显示的时间，如图 4-3 所示。在 Flutter 混合工程中，起点页面可能是 Flutter 页面，也可能是原生页面；中间可能会唤起新的 Flutter 容器，也可能直接通过 Dart 侧路由 SDK 直接唤起新页面的 Widget；新页面的内容可能是一个网络请求，也可能是多个网络请求，但首屏显示时间可以只关注起点和终点。

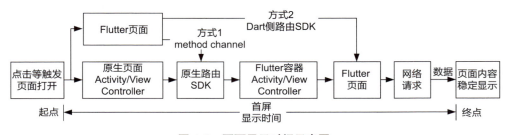

图 4-3　页面显示时间示意图

1. 起点定义

为避免业务层触发点的不确定性，定义路由接口调用入口为起始跳转时间点。在混合工程下，需要同时监听 Flutter 路由以及 Native 路由，以获取更合理的起始点。

2. 终点定义

综合使用页面覆盖率算法、手动打点和帧刷新检测算法等，计算页面内容稳定显示时间。

根据页面特征的不同，需要使用不同的处理策略计算终点，大部分的页面都使用第一次满足页面覆盖率的帧作为结束点。从业务经验可知，在页面内容占比方面，主轴大于 80% 且辅轴大于 60% 的页面，可认为是一个覆盖率达标的页面，目前的有效内容主要包括：

- textureId 不为空的 TextureBox；
- image 不为空的 RenderImage；
- text 不为空的 RenderParagraph；
- 非容器（RenderObjectWithChildMixin、ContainerRenderObjectMixin）且有尺寸的 RenderObject。

以闲鱼搜索为例，如图 4-4 所示为页面显示时间示意图，黑框部分为有效内容。网络数据回来后的首屏渲染占比显然是不满足覆盖率标准的。在除图片之外的内容完成上屏后，尚未显示图片内容的灰色 Container 不属于任何一个有效内容，所以仍然不满足覆盖率要求。直到最终渲染完成后，页面的有效内容占比才满足覆盖率的要求。

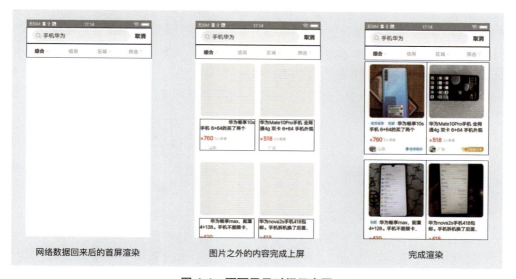

图 4-4　页面显示时间示意图

帧刷新检测算法用于检测简单页面（如设置页），这些页面的内容永远都满足不了覆盖率的要求，会使用最后一次刷新帧的时间作为结束时间。

4.1.2 流畅度

流畅度指标按场景分为静态画面流畅度和动态画面流畅度。

1. 静态画面流畅度

静态画面流畅度即用户操作页面的响应及时性，当 App 出现较大的卡顿时，才会被用户感知到操作滞后，一般由 UI 线程慢函数导致。其中，慢函数定义为方法执行耗时超出一定阈值，常见阈值为 200～500ms。静态画面流畅度指标可以定义为在一段时间内慢函数发生次数与线上用户数的比值。

2. 动态画面流畅度

动态画面流畅度按场景可以分为动画执行和列表滑动，业界已有以下对应指标：

- FPS（Frames Per Second）；
- SF（Skipped Frame，跳帧）：App 在单位时间 1s 内，跳过执行系统帧回调的次数。在 Android 系统中，实现帧回调用 Choreographer.doFrame 方法。
- SM（Smooth）：App 在单位时间 1s 内，实际执行系统帧回调的次数，其中 SM=60−SF。

以上三个指标的概念比较接近，都不足以反映用户的真实体验，如相同的 30 FPS，可以是 1s 内有 30 个 33.3ms 的画面，也可以是有 29 个 16.6ms 的画面再加 1 个 516.9ms 的画面，但用户体验并不相同。用户感受到不流畅，都是因为频率过低无法让肉眼产生视觉残留，或在时间（画面停留时长）和空间（画面内容）产生跳变，让用户感觉变化得不自然。由此可以定义如下动态画面流畅度指标。

（1）从时间角度定义

- 定义平均 FPS：一次检测的平均帧率，反映画面的平均停留时长。
- 定义 1s 大卡顿次数：平均 1s 内出现占用 3 帧及以上的画面次数，反映画面停留时长跳变。

（2）从空间角度定义。滑动 offset 跳变值，即在画面不掉帧的情况下，若其中一个画面出现跳变，甚至出现花屏或者绿屏，会让用户体验到不流畅。在 App 动画或滑动过程中，画面内容由 offset 决定。滑动或者动画 offset 跳变值可通过技术手段减弱或规避。

综上，定义静态画面流畅度指标为线上 200～500ms 以上的慢函数发生量与用户数的比值,定义动态画面流畅度指标为平均 FPS 值和平均 1s 大卡顿次数。

4.1.3 CPU 使用率

CPU 使用率同样是普通用户在使用过程中不容易关注的指标,但间接影响着 App 的用户体验。当 CPU 使用率高于 80% 时,容易引起 App 卡顿;当 CPU 使用率长时间过高,会导致手机耗电量变快,甚至引起手机发热。Android 系统可使用 Android Studio Profiler 工具查看,如图 4-5 所示。

图 4-5　Android Studio Profiler 工具查看 App CPU 使用率

Flutter App 可以使用 DevTools 工具查看性能图,如图 4-6 所示。过多的方法调用和方法耗时在一定程度上反映出 CPU 使用率过高。

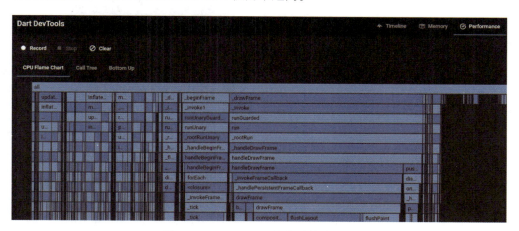

图 4-6　DevTools 工具查看性能图

4.1.4 错误异常率

Flutter 错误异常的概念与 Native 有些不同:当 Dart 发生异常且没有被捕获时,App 并不会崩溃,但是后续的逻辑并不会被执行。虽然两者在概念上有所差异,但同样都会导致产品功能不可用,会阻断用户操作,如下单购买商品流程等,如图 4-7 所示。

根据 Flutter 错误来源,可以分为以下三类:

- Flutter Error:从 Framework 层抛出的错误。

- **Exception**：业务 Dart 代码产生的错误。
- **Isolate 抛出的异常**：在使用 Isolate 做异步操作的场景下，Isolate 中没能被正确处理的异常。

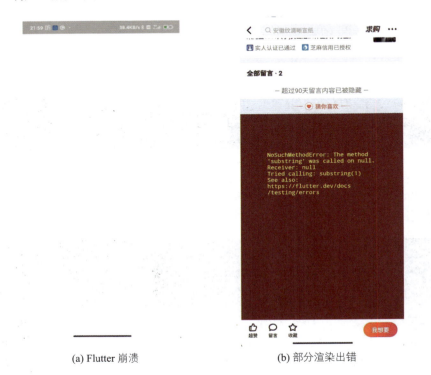

(a) Flutter 崩溃　　　　　　(b) 部分渲染出错

图 4-7　Flutter 发生错误异常

闲鱼对 Flutter 线上错误异常进行了监控，如图 4-8 所示。新版本在正式发布前的几轮灰度版本中，错误异常率会被作为重要的质量指标。闲鱼会保证错误率不超出 0.1%，以及重点解决版本首现异常。在 App 正式发布后，闲鱼继续监控错误和异常情况。

图 4-8　Flutter 错误异常率线上监控

4.1.5 内存使用率

用户虽然不会直接感知到内存的使用情况，但内存使用间接影响到 App 的可用性，如 App 由于内存不足而发生的 OOM（Out of memory）最终会导致 App 崩溃。因此，内存使用情况在技术研发人员的视角里是一个很重要的指标。通常人们谈论的内存都是指物理内存，当同一个应用程序运行在不同的机器或操作系统上时，会因操作系统和机器硬件的不同，分配到不同的物理内存。相反，一个应用程序使用的虚拟内存（Virtual Memory，VM）大致是一样的。本节讨论的内存指标都是基于虚拟内存。

Flutter 从使用语言角度可以分为三大部分，如图 4-9 所示。

- Framework 层：由 Dart 语言编写，开发者编写 Dart 代码用于应用开发；
- Engine 层：由 C/C++ 语言编写，主要进行图形渲染；
- Embedder 层：由植入层语言编写，如 iOS 使用 Objective-C 或 Swift，Android 使用 Java 或 Kotlin。

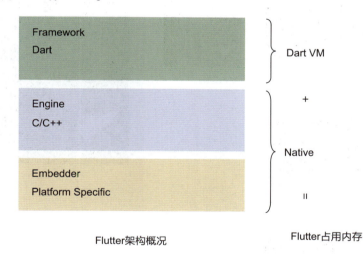

图 4-9　Flutter 占用内存分类示意图

当从进程角度谈 Flutter 应用的内存时，指的是这三者所有内存的总和。为了简化，本书以语言代码为边界，将其分成 DartVM 占用内存和 Native 内存，其中 Native 内存包含 Engine 和平台相关的代码运行的内存。

在优化内存时，主要做的是避免内存泄露和内存峰值。

什么时候会发生内存泄露？Java 和 Dart 有垃圾回收机制，发生内存泄露主要是指无用对象仍然被长生命周期的对象持有，导致无法被回收，例如当 Flutter 页面退出，由于未取消注册或回调导致内存泄露。对于 Objective-C 或 Swift，因为有引用计数方式处理内存回收，所以当对象不再使用时，却被其他对象引用，会导致内存泄露。特别需要注意，大对象的内存泄露会对 App 稳定性产生很大影响。App 中的视图和图片都会占用较大的内存，而视图和图片一般与页面关联，所以通常的检测思路是当 App 页面退出时，查看 Activity、View Controller 或 Flutter View 对象是否已经被回收，若没有回收，则认为发生了严重的内存泄露。

假设治理了内存泄露，无用内存最后都能被回收，但也存在内存峰值导致内存过多使用的情况。如图 4-10 所示，在相同页面显示效果下，App 加载了原图，导致内存被过多占用，虽然在页面退出时这部分内存会被回收，但仍然引发内存峰值。

图 4-10　图片下载显示

（注：A 按视图大小加载对应大小图片，B 加载原图）

4.1.6　小结

本节从性能体验和稳定性视角对性能指标进行了归类，针对和 Flutter 关联较为紧密的重要指标展开了介绍，其中性能体验视角选择首屏显示时间、流畅度和 CPU 使用率，稳定性视角选择错误异常率和内存使用率。后文将重点介绍在这两个视角下的最佳实践和可持续发展的高可用体系。

除此之外，App 性能的行业标准还有流量消耗、服务接口可用性等，这些性能标准是每个 App 都需要考虑的，在 Android 或 iOS 平台上也都有工具或开源 SDK 检测监控，没有因为 Flutter 产生不一样的特殊点。因此，本章不再展开介绍，感兴趣的读者可以参看其他资料。

4.2 Flutter 性能优化最佳实践

在制订了相应的性能指标后，使用这些指标对闲鱼 App 进行了相应的分析，发现存在很多问题。随着业务快速迭代和业务复杂度的不断提升，应用的性能表现仍在持续降低，主要体现在应用启动慢、页面首屏加载缓慢、页面滑动操作不流畅和卡顿等，影响用户使用。为了改善用户体验，闲鱼针对这些问题进行了多项优化。本节以闲鱼 App 的优化为例，介绍 Flutter 性能优化最佳实践。本节分为两个部分：性能技术优化和交互体验优化。

4.2.1 性能技术优化

页面首屏加载速度、页面滑动流畅度两个指标可以客观地衡量用户使用体验，下面先介绍如何通过技术手段优化首屏加载速度和页面滑动流畅度。

1. 首屏加载速度优化

先以搜索页为例，在优化之前，从搜索关键词到搜索结果展示有较长的加载过程。对于页面的加载速度优化，更多地从业务流程寻找突破口，搜索结果页的打开过程如图 4-11 所示。

图 4-11　搜索结果页的打开过程

搜索结果页由 Flutter 实现，但它从 Native 页面点击打开，在混合栈的背景下，导致从路由拦截到打开容器之间有一定耗时。可以通过 URL 携带预取信息，在 Native 进行跳转导航时，异步并行地预取数据，减少页面打开的耗时。同时，因为搜索页面的请求网络耗时相对比较高，一般页面进来后还仍然在等待网络请求，所以如果在网络请求回来时再预加载模板，大概率会命中。优化之后的流程如图 4-12 所示。

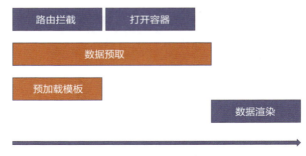

图 4-12　优化之后的流程

通过一定的并行手段，采用数据预取、预加载模板的方案，在 Android 低端机上将搜索结果页加载时长优化了 300ms。同时，在数据请求过程中，展示骨架屏动画（Lottie 实现）代替小黄鱼跳动的加载动画，带给用户更好的使用体验。

2. 页面滑动流畅度优化

在优化 Flutter 页面加载时长后，还需要解决 Flutter 滑动流畅度低的问题。从线上数据和实际使用体感来看，搜索页、商品详情页的滑动流畅度都不尽如人意，舆情中也有很多关于卡顿的反馈。具体有以下几种解决方案。

（1）Flutter 官方工具。在优化性能前，需要理解 Flutter 的渲染原理，如 Widget、Element 和 RenderObject 三棵树结构，Widget 到屏幕显示过程等。针对性能问题，首推官方性能分析工具 DevTools，并结合使用 Profile 模式查看性能。

使用 Timeline 查看渲染线程性能消耗，可以发现有多个 ClipRectLayer 和 ClipRRectLayer，如图 4-13 所示。

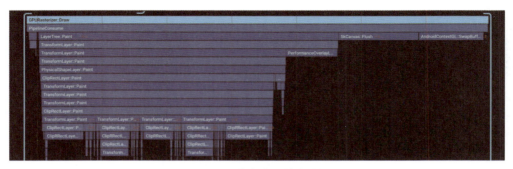

图 4-13　渲染线程性能消耗

打开 Debug flag debugDisableClipLayers 和 debugDisablePhysicalShapeLayers，重新检查视图，可以发现部分 ClipRectLayer 是因为图片内容超出视图边界造成的，部分 ClipRRectLayer 是因为卡片 Widget 圆角设置以及基于外接纹理的图片控件里的 ClipRRect 设置（即便 Radius 为 0 也会设置），如图 4-14 所示。

图 4-14　图片内容超出视图边界

清楚原理后，对闲鱼图片控件新增参数，支持图片内容圆角设置和图片内容宽高裁剪，使 Native 层生成的 Bitmap 满足圆角和宽高比要求。同时修复 Radius 为 0 也会设置 ClipRRect 的问题。优化后的 Timeline 图如图 4-15 所示。

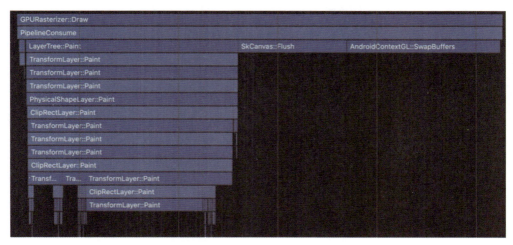

图 4-15　优化后的 Timeline 图

（2）Flutter 线上卡顿定位工具。在研发阶段，可以使用 DevTools 分析本地能复现的卡顿问题。但是，DevTools 的局限性在于：只能当出现卡顿问题后再分析，无法做到监控卡顿问题；只能用于线下排查，对于线上反馈卡顿问题，因为没有足够的场景，也无能为力。

为此，需要建设一个 Flutter 卡顿工具，用于在线上、线下监控定位造成卡顿的耗时函数。

因为在 Release 模式下的 Dart 代码是基于 AOT 编译的，所以业务代码和 SDK 都会编译成与平台相关的机器码，于是可以通过信号机制抓取 Native 的堆栈，再通过符号化还原的方式获取 Flutter 堆栈，如图 4-16 所示。

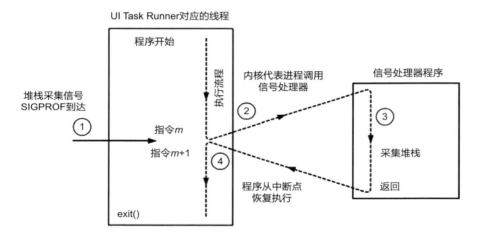

图 4-16　通过符号化还原的方式获取 Flutter 堆栈

通过卡顿工具定位出两类造成流畅度低的问题：耗时函数和过度渲染。

- 耗时函数。对于耗时函数导致的卡顿问题，可以看堆栈定位，如图 4-17 所示。

从调用栈可以看出，Channel 的调用数据序列化和反序列化比较耗时。通过查看 FxImage 的代码，了解到 resumeImage 对应的 Native 实现已经为空，Flutter 可以省去一次 Channel 调用。

- 过度渲染。在自动化阶段上报的数据有大量如图 4-18 所示的渲染阶段的堆栈，无法定位到业务代码。

这是由于 Flutter 的刷新机制是中心化、异步的渲染机制，业务层需要刷新界面元素。Framework 层会先把需要更新的元素标脏，然后等下一次引擎侧的渲染回调。在这次渲染回调中，对之前收集到的脏元素统一更新。

图 4-17 堆栈定位

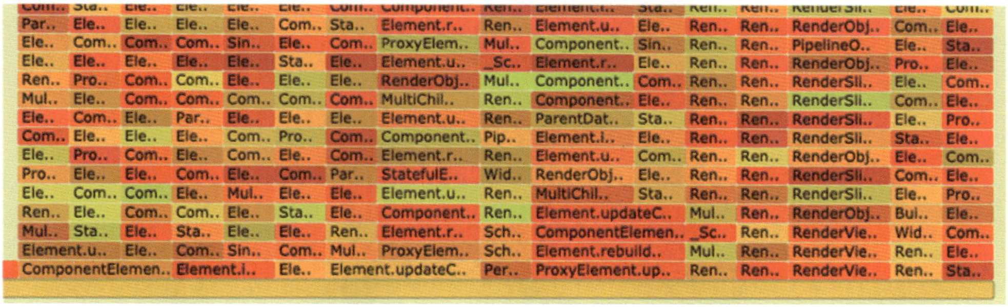

图 4-18 渲染阶段的堆栈

这种机制导致在抓取渲染阶段的堆栈有大量的 Element.rebuild、update 方法,都是 Flutter Framework 的函数调用栈,而缺失了业务侧代码,只看这些堆栈并不能定位到卡顿问题。

如图 4-19 所示,增加渲染过程中的脏 Element 信息,根据标脏的 Element 的复杂程度(根据元素的深度、长度和子节点数计算复杂度),可以检测出是否有因为代码不规范导致刷新范围过大的问题。

通过这种方法,定位到了详情页快速提问组件过度渲染问题,如图 4-20 所示。

通过查看脏 Element 信息可以看到,标脏的元素复杂度较高。优化方法是提高构建效率,将 setState 刷新数据下沉到叶子节点,将每个标签抽离成 LabelStatefulWidget,只做局部刷新。

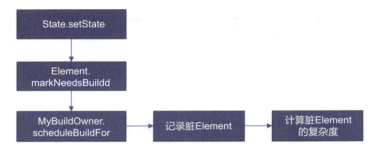

图 4-19 增加渲染过程中的脏 Element 信息

图 4-20 详情页快速提问组件过度渲染

（3）长列表 loadmore 优化。通过使用卡顿工具，发现搜索结果页列表在滑动加载过程中会对整个列表容器打脏重建，导致出现比较严重的流畅度问题。

经过分析，发现因为更多数据返回后，追加列表数据后会调用 setState，打脏容器 Widget。并且由于做了预加载，在滑到底部前几屏时，会触发加载更多的逻辑，导致打脏重建 Widget 的频率更高。

最初，从业务层入手，预加载更多的数据回来并不去调用 setState，而是先保存到内存中，等滑到底部再调用 setState，并重建列表容器。后来，从列表容器底层优化，loadmore 时不会打脏重建整个列表容器，容器加载和滑动过程有较大的优化，体验提升比较明显。代码如下：

```
///加载更多的数据先缓存，滚动到一定位置再统一刷新界面
List<dynamic> _cacheList = [];
///界面显示的列表数据
List<dynamic> _list=[];

void _requestSearchResultFinished(SearchResultRespond resp) {
  _cacheList.addAll(resp.ist);
  //监听列表滚动
  scrollAware.addListener((ScrollState scrollState) {
    //滑到底部时触发更新
    if (scrollState == ScrollState.OVER_SCROLL) {
      final List<dynamic> localList = _cacheList;
        _cacheList = [];
          setState(() {
            list.addAll(localList);
          });
    }
    scrollAware?.removeListeners();
  });
}
```

（4）滚动加载小图。Feeds 流卡片包含大量的图片，在快速滑动过程中，加载大量图片对于内存和 I/O 都是比较大的考验，会影响流畅度，在低端机上尤其明显。

优化思路是在快速滚动过程中，只加载尺寸较小的模糊图，等到滚动停止后，再渐进式地展示原图，并且在超出屏幕区域不加载原图，优化上屏体验。

（5）列表 Element 复用优化。Flutter 列表控件划分为可视区域和 Cache Extend 区域，如图 4-21 所示。当往下滑动时，Element 从底部被创建进入底部 Cache Extend 区

域后，再进入可视区域，再进入顶部的 Cache Extend 区域，最后被销毁。往上滑动逻辑类似。在不使用 keepAlive 的情况下来回滑动，曾经创建过的 Element 需要重新创建。而在闲鱼的业务中，列表 item Widget 结构是接近的，此时如果能根据类型复用 Element，就能在一定程度上提升性能。

列表控件源码见 sliver_list.dart 中 RenderSliverList.performLayout 方法，Element 缓存在 _childElements 数组中，以 index 为索引。源码见 sliver.dart，若 itemWidget 结构差异很大，即便复用了 Element，Element.updateChild 方法内部最终还是执行了 inflateWidget 方法，对于性能提升没什么价值。

图 4-21　Flutter 列表控件划分

闲鱼构建 index → ${widget.key} → List<element> 的映射关系：在 Widget 创建处建立 index → ${widget.key} 映射，在 Element 应该被销毁移除的逻辑处，将 Element 缓存至 ${widget.key} 映射的 List<element> 处。注意，renderObject 对象需要从父节点移除。在列表滑动过程中，优先根据映射关系找到缓存中的 Element 并使用（注意更新 element.renderObject.parentData 中的 index 值）。

第4章 性能优化和高可用体系

（6）复杂 Widget 分帧上屏。在尝试以上全部优化手段后，闲鱼的详情页和搜索页还是远没有达到预期。原因是详情页猜你喜欢卡片和搜索页卡片本身就足够复杂，另外由于闲鱼引入了 DX 技术，让 Widget 进一步变得很大。例如，业务方仅需 Text，但在 DX 技术中使用的是 DXTextWidget，如图 4-22 所示。最终导致高端机也无法在一帧时间内完成渲染，如图 4-23 所示。

图 4-22　DX 文本控件 DXTextWidget

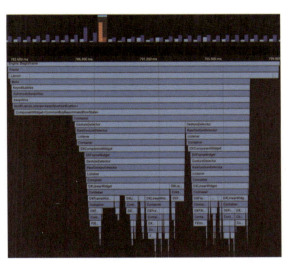

图 4-23　猜你喜欢卡片在红米 K30Pro 的 Timeline

搜索结果卡片在红米 K30Pro（CPU 为高通骁龙 865）的 Timeline，如图 4-24 所示，图中补充了 performLayout、updateChild 和 Widget build。

在常见优化手段无法解决的情况下，回归 GUI 系统性能优化的起点思考问题。流畅度优化思路大体可以分为三个方向：

- 多线程方案：在 Android 原生开发中很常见。但在 Dart 中，不同线程（Isolate）的内存是隔离的，此外由于 Flutter 渲染流程三棵树，不好直接操作 RenderObject，多线程方案在 Flutter 中较难实施（排除 I/O 更新数据后显示等常规场景）。

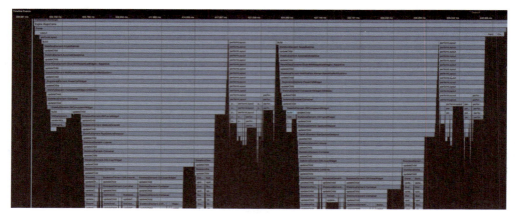

图 4-24　搜索结果卡片在红米 K30Pro 的 Timeline

- 优化每个任务，挤压 CPU 运算量，保证在一帧时间（16.6ms）内完成任务。这是 Flutter 中的主流优化思路，前面的优化手段都采用的是这个思路。
- 快速响应用户，让用户觉得够快，不阻塞用户的交互。即在一帧时间内还有任务没有完成，则停止执行，保证列表先执行滑动，未执行任务在后续帧时间片上执行。

参考 React Fiber 框架，基于时间分片的思路，协调阶段将一棵任务树转为一条任务链（parent 节点→ child 节点→ sibling 节点→ parent 节点），满足了任务链可中断执行，提前提交渲染。最后，实现了将一条任务链拆解到多帧时间分片中消化，如图 4-25 所示。

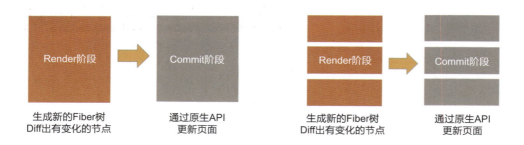

图 4-25　React Fiber 框架

排除前两个方向后，再结合猜你喜欢卡片 Timeline 图可以发现，在卡片 Widget 创建的一帧时间不足，而后面的几帧内时间消耗都远没到 16.6ms，如图 4-26 所示，可以想到第三个方向是正确的。剩下的关键问题仅有以下两点：

- 能否将一个大的 Widget Build 任务拆分为多个小的 Widget Build 任务，并大致平均地分配到多个时间分片上？
- 一个大的 Widget 时间分片上屏是否会影响体验？

图 4-26　详情页列表滚动的每帧任务耗时图

如图 4-27 和图 4-28 所示，基于时间分片的思想，把一个大的 Widget 拆分为一个空白框架和两个卡片 Widget，再将卡片 Widget 拆分为一个卡片框架和多个 FXImage Widget，Widget 框架中不立刻显示的部分使用占位 Widget 临时代替。

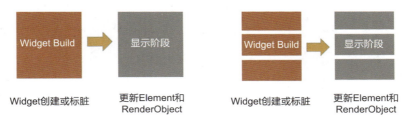

图 4-27　时间分片思想在 Flutter Widget 上的应用

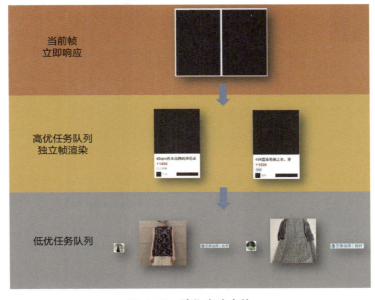

图 4-28　猜你喜欢卡片

由此构建一个高优大（拆分后的子 Widget 构建任务较复杂，优先级高于小任务）任务队列和一个低优小任务队列，高优大任务队列中的任务高优执行且独占一帧时间，低优小任务队列低优执行且一帧时间最多能执行 12 个（可根据机器性能调整）任务。再利用 Flutter 逐步标脏，将构建任务延迟到后续时间分片上。

以上最终将一个超大的 Widget 构建从 1 帧时间分散到 4 帧时间内消化，优化了卡顿。优化后猜你喜欢卡片 Timeline 图（红米 K30Pro，CPU 为高通骁龙 865）如图 4-29 所示。

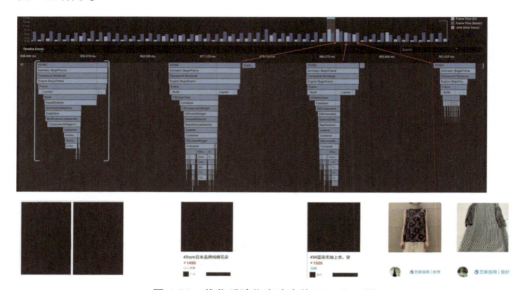

图 4-29　优化后猜你喜欢卡片 Timeline 图

在体验方面，前面介绍列表控件结构时，提到有一个不可见的 Cache Extend 区域，所以分帧上屏大部分是在 Cache Extend 区域完成的，在高端机或正常滑动情况下，用户并无感知。而在低端机上，快速滑动能明显地看到卡片空白情况，但整体相比严重卡顿的体验要好得多。

（7）优化数据。基于上面的优化手段，闲鱼详情页和搜索页流畅度 FPS 绝对值提升了 3，低端机大卡顿次数降低一半，中高端机型的流畅度提升到 FPS 值 57 或以上，大卡顿次数接近 0。

（8）其他优化建议。与 Flutter 性能优化相关的文章很多，对于类似的排查和优化手段，本文不再赘述。下面进行简单汇总：

- Widget Build 优化

a) setState 状态刷新位置尽量放置于视图树的低层级；

b) Provider 中获取 Model 的方式会影响刷新范围。推荐使用 Selector 或 Consumer 获取祖先 Model，以维持最小刷新范围；

c) 对于长列表，避免使用 ListView() 构造函数，推荐使用 ListView.builder 构造函数；

d) 在 reducer 中，state 对象中的视图数据真正发生变化时，新建 state 对象。

- 主 isolate 优化

a) 减少或延迟 Widget Build 中的非视图逻辑，如曝光埋点延迟到滑动停止聚合触发；

b) 列表 Item 在高度可知的情况下，推荐设置 itemExtent，减少滑动中频繁计算列表高度；

c) 使用 const 修饰无须变更的 Widget 或普通对象；

d) 当使用 AnimatedBuilder 时，避免在不依赖于动画的 Widget 的构造方法中构建 Widget 树，因为动画的每次变动都会重建 Widget 树。应该构建子树的部分，并将其作为 child 传递给 AnimatedBuilder；

e) 避免在动画中剪裁。如果可能，请在动画开始之前预先剪切图像。

- Render 线程优化

a) 对于频繁更新的动画等控件，使用 RepaintBoundary 将其隔离，创建单独层减少重绘区域。

b) 使用图片替换半透明效果；

c) 减少 saveLayer（ShaderMask、ColorFilter 和 Text Overflow）、clipPath 的使用，提升 render 线程性能；

d) 避免使用 Opacity Widget，尤其是在动画中要避免使用。请用 AnimatedOpacity 或 FadeInImage 代替；

e) 避免使用带换行符的长文本。

4.2.2 交互体验优化

除了优化客观的页面加载速度和滑动流畅度指标，对用户主观使用体感做优化也非常重要。下面以复杂动画效果优化、转场动画优化以及列表滑动优化三方面进行介绍。

1. 复杂动画效果优化

对于一个追求极致体验的应用来说，动画效果是不可或缺的一部分。在 Native 中，有高还原度的动画效果开源库 Lottie-Android 和 Lottie-iOS 可以使用。但是在 Flutter 中，一直缺少类似于 Lottie 这种动画效果的还原利器。虽然 Flare 是一个不错的选择，但是全新的设计工具无疑会给设计人员带来极高的学习成本。不仅需要重新学习 Flare 专属的动画效果设计工具，对于同一个动画效果还需要用不同的工具制作两遍。所以，闲鱼基于 Lottie-Android 的思路，实现了一个在 Flutter 场景下的 Lottie 动画效果库——fish-lottie，具体的实现方法会在第 5 章中阐述，这里主要给出几个 Lottie 在体验优化项目中的最佳实践。

在闲鱼 2020 体验升级项目中，fish-lottie 在多个核心高频场景中进行了落地，极大地降低了开发和设计的成本。

首页底部 Tabbar 如图 4-30 所示，发布引导页的发布按钮如图 4-31 所示。发布引导页是闲鱼中比较高频的页面，因为卖家发布商品时都需要从首页点击发布按钮进入发布引导页，用户体验设计人员想尽量弱化页面跳转，让两个页面的过渡更自然。所以，闲鱼在首页和发布确认页放置一个相同的主发布按钮元素，然后对主发布按钮设计一个旋转和状态改变动画，对三种类型的内容发布按钮设计一个位移动画，且位移完成之后，三个内容发布按钮还需要一个抖动动画。而目前的首页是一个 Native 页面，发布引导页是一个 Flutter 页面。在这种混合场景下，想直接通过控件操作动画的成本无疑是很高的，所以打算使用 Lottie 完成这个效果。设计师先使用 AE 插件导出三段动画：主发布按钮旋转动画、内容发布按钮展开动画和内容发布按钮收起动画。使用三个 Lottie Widget 承载三段动画，然后在内容发布按钮展开动画之后，使用三个透明的控件模拟三个内容发布按钮的点击效果。内容发布按钮收起动画完成之后退出页面。这样就能高度还原用户体验设计人员想要的效果了。

图 4-30　首页底部 Tabbar

搜索确认页骨架屏加载效果如图 4-32 所示。搜索确认页也是闲鱼中的一个核心高频页面，大多数买家都会通过搜索寻找自己想要的商品。但是从点击搜索按钮到搜索内容渲染上屏通常需要一些时间，为了减轻这段时间用户的焦虑感，打算使用骨架屏加载效果模拟渲染后的内容。相比普通的加载过渡动画，模拟渲染后页面的动画无疑更能让用户感受到反馈的迅速。但是难点在于这段动画通常需要很大的区域进行显示，如果使用普通的 Gif 方案，无疑会给整个 App 的内存增加很多负担。而骨架屏上的内容其实大多都是一个色块，所以决定使用 Lottie 完成这个效果，所有的色块都是矢量图形，对于 App 来说，只是绘制了一些圆角矩形等图形而已，这就解决了内存问题。

图 4-31　发布引导页的发布按钮

图 4-32　搜索确认页骨架屏加载效果

首页→我的页面的刷新组件如图 4-33 所示。闲鱼工程中首页的其他三个页面均是 Native 页面，我的页面是 Flutter 页面。其他页面也保持了相同的刷新动画，采用了 Lottie-Native 方案，为了保证整个 App 的统一，降低设计的成本，使用 Fish-Lottie 方案直接复用其他页面的 JSON 动画文件，能达到相同的效果。

图 4-33　首页→我的页面刷新组件

在整个 Fish-Lottie 落地的过程中，主要解决了以往 Flutter 场景下的几个历史遗留问题。以往 Flutter 页面上的各种动画效果基本都使用 Gif 方案完成，当然 Flutter 也有类似于 Flare 的开源动画方案，但是设计师需要采用全新的动画效果设计工具，这无疑会给设计师带来很高的工作和学习成本。而采用 Gif 方案存在几个缺点，一是内存和包大小问题，通常只能在一些比较小的区域使用 Gif，类似于骨架屏加载效果是很难做到的，而且导出的动图帧率一般会比较低，不能高度还原动画效果，而 Lottie 方案可以保证以手机的最高帧率还原动画，而且同样的动画效果内存和包体积明显优于 Gif 方案。二是开发者开发体验问题，对于 Gif 的播放，只能简单地进行播放、暂停等操作。而 Fish-Lottie 提供了比较完整和丰富的 API，开发者可以做到类似于对整个动画中的某段内容进行循环播放，甚至动态改变动画中的文本内容、图片内容等操作。所以，在实现更复杂的动画效果，甚至比较简单的可交互的游戏场景时，Gif 方案是无法胜任的。而相比于真正的游戏引擎，Lottie 方案无疑是成本低且可行的。

2. 转场动画优化

在搜索确认页跳转详情页和猜你喜欢跳转详情页的场景中，详情页的部分数据已经可以通过上一个接口得到，可以把这部分数据透传到详情页，在请求详细数据的过程中，先展示简单的内容，例如主图、标题、价格，在详细数据回来后再更新详情页，带来更好的体验效果。在此基础上，又通过转场动画，实现沉浸式页面的切换效果，进一步地提升用户使用体验，如图 4-34 所示。

点击跳转　　　透传数据构造的页面动画中　　　透传数据构造的页面　　　可交互的详情页

图 4-34　转场动画优化

在开发动画之前，需要先解决技术栈的问题，因为闲鱼目前还是 Native+Flutter 的混合开发模式，需要通过 FlutterBoost 处理混合栈页面的映射和跳转。在 FlutterBoost 的 open 处理中，会通过 startActivity() 打开一个新的容器。而在详情页的跳转场景中，大部分都是从 Flutter 页面跳转过来的，可以复用之前打开过的容器。针对这种应用场景，在 FlutterBoost 增加了一个新的特性，当打开一个新的 Flutter 页面时，可以选择两个 Flutter 页面共用一个 Flutter 容器（Activity、ViewController），以加快页面的打开速度，降低内存消耗。并且通过这种方式，支持 Flutter 实现页面切换的动画。

在开发动画的过程中，遇到了一个性能方面的挑战。动画是一个不停刷新界面的过程，这意味着每一帧都需要构建出一个完整的界面，如果转场后的界面过于复杂，在实现动画的同时，构建界面必定会非常耗时，最终导致动画看起来不够流畅。

将从 A 界面跳转到 B 界面的转场动画过程分解为三部分，展示未跳转的 A 界面、A 界面与 B 界面的过渡界面以及动画后的 B 界面。具体的实现思路分为几步：

- 当点击发生后，开始准备好中间界面所需要的数据。
- 构建一个和 B 界面高度相似但内容相对少（例如去除滑动界面外屏幕不可见的元素）的界面作为动画的中间界面。

- 尽量命中缓存，以减少图片加载的时间。

3. 列表滑动优化

在完成流畅度性能优化后，通过使用线下自建流畅度检测工具进行检测，最终数据和线上流畅度 FPS 数据曲线都有很大的提升，且数据指标接近原生 App。在中高端机型上，闲鱼详情页流畅度 FPS 数值已经被优化到了 57 及以上了，1s 大卡顿次数接近 0。当流畅度 FPS 数值达到 57 及以上时，原生 App 列表滑动基本上不会让人感受到卡顿，然而，Flutter 列表滑动仍存在卡顿感。所以可以确认流畅度指标（平均 FPS 和 1s 大卡顿次数）还不能完全反映体感。

如图 4-35 所示，对比 Android 原生 RecyclerView 和 Flutter SliverList 在卡顿情况下 offset 变化情况，可以得到，当 FPS 值达到 57 时，Android RecyclerView 在用户体感上比 Flutter 列表控件更好，原因是：当出现小卡顿时，offset 偏移值并没有发生翻倍跳变。

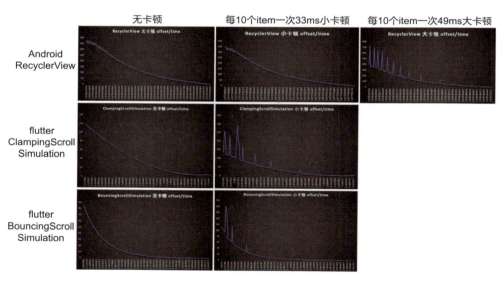

图 4-35　Android 原生 RecyclerView 和 Flutter SliverList fling 阶段的 offset/time 曲线图

查看 Flutter 滑动算法，可以发现是基于一条 D/T 曲线计算滑动距离，如图 4-36 所示，所以当发生卡顿时，输入 offset/time 值发生翻倍，最终计算出来的 offset 值近乎翻倍。为消除当发生小卡顿时 offset 跳变的情况，自定义了 physics 和 simulation，在 time 发生小跳变时，修改滑动距离算法，采用 V/T 曲线算法，distance 通过累加的方式计算，优化了 offset/time 发生翻倍而导致曲线跳变的情况。

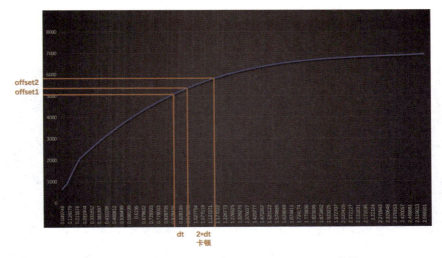

图 4-36　flutter ClampingScrollSimulation D/T 曲线

> 注意：需要适配系统频率大于 60Hz 的机型（如 90Hz 或 120Hz），在一帧时间内有可能计算多次 distance。

$$distance = velocity(time) \times 16.6ms + distance$$

以 V/T 曲线为基础，提供了以下滑动差值器：

- **SmoothClampingScrollPhysics** 无回弹差值器，停顿后偏移值不跳变。结束滑动的效果同 ClampingScrollSimulation，如图 4-37 所示。

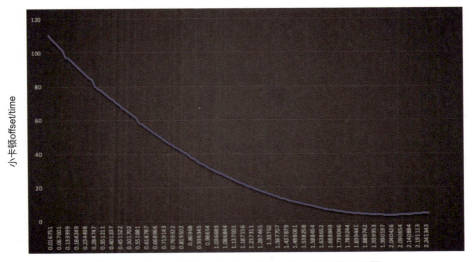

图 4-37　SmoothClampingScrollPhysics 无回弹差值器

- SmoothBouncingScrollPhysics 回弹差值器，停顿后偏移值不跳变，如图 4-38 所示。

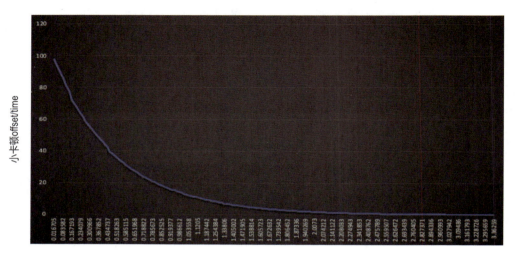

图 4-38 SmoothBouncingScrollPhysics 回弹差值器

4.2.3 小结

综上，在闲鱼 Flutter 的性能体验升级中，在技术细节优化方面，对主要页面加载时长、流畅度做了优化，除了针对业务流程的优化，也积累了一些通用优化经验，例如数据预取、Widget 分帧上屏、长列表加载更多优化、长列表局部刷新能力和长列表滚动差值器算法优化。在视觉优化方面，突出年轻化的主题，设计使用了大量的微动画元素，在各个页面随处可见 Flutter Lottie 动画的使用，例如发布页、搜索确认页以及各个加载刷新动画。在优化之后，闲鱼 App 操作变得更加流畅。

另外，由于业务的快速迭代，前期的优化工作到后面很容易发生变化。如何在业务快速变化的同时，既满足效率又保证性能，是需要着手解决的问题，例如在代码集成合入之前，通过性能卡口，将性能不达标的代码打回并给出优化建议；将性能优化的手段内置到容器框架层。

4.3 Flutter 稳定性保障最佳实践

除了性能，应用稳定性也是决定用户体验的重要因素。应用稳定性命题伴随着移动端开发走到了今天，出现 Flutter 后，仍然存在不少的稳定性挑战，在 Flutter 场景下存在三大重要的稳定性问题：Flutter 异常、内存泄漏和 CPU 使用率，下文也将围绕这三点的治理方法展开。

4.3.1 异常治理

为了治理 Flutter 异常，分三步解决：第一步，收集并上报异常；第二步，解决线上存量异常，并总结出容易犯的错误；第三步，限制增量异常，在版本发布前做好质量把关。其中，第二步和第三步是一个持续并交替的过程。

首先，对于收集异常，通过 Flutter 提供的 API 可以很简单地实现。根据 Flutter 错误来源，可以分为以下三类。

1. FlutterError

因为 Framework 层中的代码会调用 reportError() 方法抛出错误，所以可以通过重写系统的方法 FlutterError.onError 收集异常。

```
static void reportError(FlutterErrorDetails details) {
  assert(details != null);
  assert(details.exception != null);
  if (onError != null)
    onError(details);
}


/// 通过这个方式可以自定义onError
final FlutterExceptionHandler rawOnError = FlutterError.onError;
 FlutterError.onError = (FlutterErrorDetails details, {bool forceReport
= false}) {
   ///上报异常
   return rawOnError(details);
 };
```

2. Isolate 抛出的异常

在使用 Isolate 做异步的场景下，对于 Isolate 没能正确处理的异常，可以通过给 Isolate 增加一个 ErrorListener 处理。

```
Isolate.current.addErrorListener(RawReceivePort((dynamic pair) async {
    ///上报异常
```

```
}).sendPort);
```

3. Exception

当业务 Dart 代码产生的异常错误被抛到 main() 函数时，会生成一个 ErrorZone，可以通过在 ErrorZone 中添加上报代码收集异常。

> 注意，在 Dart 版本大于 2.8 的情况下，需要使用 runZonedGuarded 替换 runZoned。

```
void main() {
  runZoned<Future<Null>>(() async {
    runApp(MyApp());
  }, onError: (dynamic error, dynamic stackTrace) async {
    ///上报异常
  });
}
```

将采集的异常分配给相应的研发人员解决，并将异常治理加入发版前的流程中。因为 Flutter 的异常往往不会导致应用崩溃，并且发生在创建或是绘制阶段的异常往往会多次上报，所以通过异常率衡量波动会较大，所以要求每次在正式发布版本前，解决灰度发布中出现的 Top10 的异常，以此作为发布前的卡口。

经过一段时间对异常的收集，在如图 4-39 所示的异常分布中，可以发现空指针异常占了大多数。

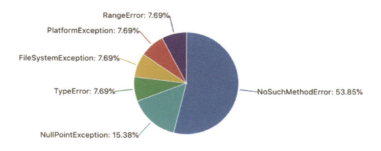

图 4-39 异常分布

以下几类常见的错误在开发过程中也需要多加注意。

- 和 Element 相关的操作，需要判断状态：例如调用 setState() 需要加上 mounted 判断，在使用 buildContext 的地方同样处理；

- 存在 dispose() 方法的对象调用时需要判空：例如 Flutter 的 scrollController，以及自己写的一些 controller；
- 对于数据注意判空：例如从服务端吐下来的 Map 中取出来的数据。对于 bool 值，在用于 if 判断前需要判空，这一点特别容易遗漏。

4.3.2 内存泄露治理

内存泄露是程序运行的重要指标之一。如何帮助开发者分析、暴露以及解决内存泄露问题，几乎对于每一个平台或框架、开发者都是非常有价值的问题。但是，Flutter 尚且缺少一款相对顺手的内存泄露治理工具。

前面介绍过 Flutter 内存泄露的原理，最终得出结论，只要 C/C++ 实例对应的 Dart 对象能正常被垃圾回收，C/C++ 所指向的内存空间就会被正常释放。所以，在解决内存泄露问题时，也可以从这个角度入手。

1. 内存泄露的实例

因为 Dart 对象没有和 C++ 类一样的析构函数，所以很难从 Dart 感知 C/C++ 对象的消亡，一旦对象因为循环引用等原因被其他对象长期地引用，垃圾回收将无法将其释放，最终导致内存泄露。

将问题放大一点，因为 Flutter 是一个渲染引擎，Dart 语言构建出一棵 Widget 树，进而经过绘制等过程简化成 Element 树、RenderObject 树和 Layer 树，最后将这棵 Layer 树提交至 C++ 层，使用 Skia 渲染并显示到设备上。如图 4-40 所示，如果某棵 Wigdet 树或 Element 树的某个节点长期无法得到释放，将可能造成其子节点也随之无法释放，泄露的内存空间迅速扩大。

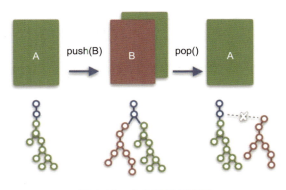

图 4-40　内存泄露示意图

例如，存在两个 A、B 界面，A 界面通过 Navigator.push 的方式添加 B 界面，B

界面通过 Navigator.pop 回退到 A 界面。如果 B 界面因为某些写法的缘故，导致 B 界面的渲染树从主渲染树解开后依然无法被释放，会导致整个原来 B 界面的子树都无法释放。

基于上面的这种情况，可以通过对比当前帧使用到的渲染节点个数，对比当前内存中渲染节点的个数，判断前一个界面释放存在内存泄露的情况。

在 Dart 代码中，都是通过向 ui.SceneBuilder 中添加 EngineLayer 的方式构建渲染树的，只要检测 C++ 内存中 EngineLayer 的个数，对比当前帧使用的 EngineLayer 个数，如果内存中的 EngineLayer 个数长时间大于使用的个数，就可以判断存在内存泄露。

依然以之前 A 页面 push B 界面，B 界面 pop 回退 A 界面为例。如图 4-41 所示，在无内存泄露的情况下，正在使用的 Layer 个数（蓝色），内存中的 Layer 个数（橙色）两条曲线的虽然有波动，但是最终都会比较贴合。但是当 B 页面存在内存泄露时，退到 A 界面后，B 树完全无法释放，内存中的 Layer 个数（橙色）无法最终贴合蓝色曲线（正在使用的 Layer 个数）。

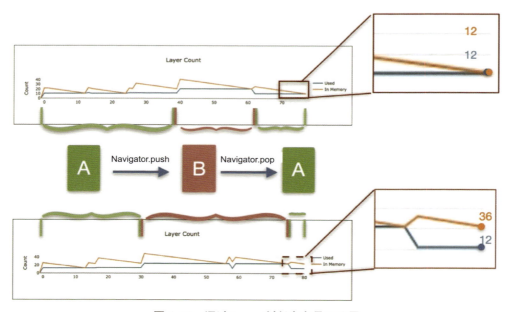

图 4-41　通过 Layer 判断内存是否泄露

也就是说，对于渲染而言，如果代码导致 Widget 树或 Element 树长时间无法被垃圾回收，很可能会导致严重的内存泄露问题。

目前发现异步执行的代码的场景（Feature, async/await, methodChan）长期持有传入的 BuildContext，导致 Element 被移除后依然长期存在，最终会导致关联的 Widget、State 发生泄露。如图 4-42 所示的代码示例，正确与错误的写法的区别在于，错误写法仅是在调用 Navigator.pop 之前，使用异步方法 Future 引用了 BuildContext，便会导致 B 界面发生内存泄露。

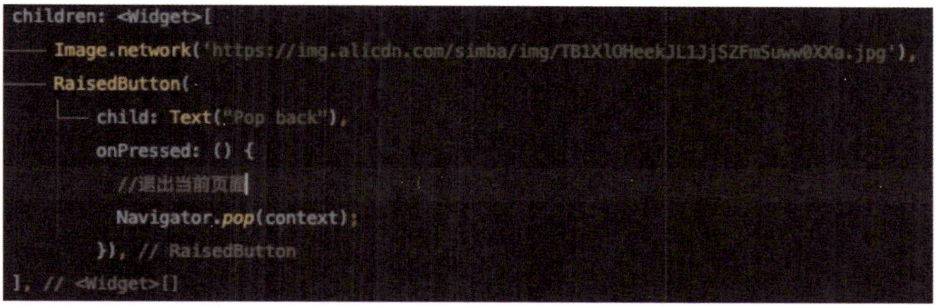

(a) 正确写法

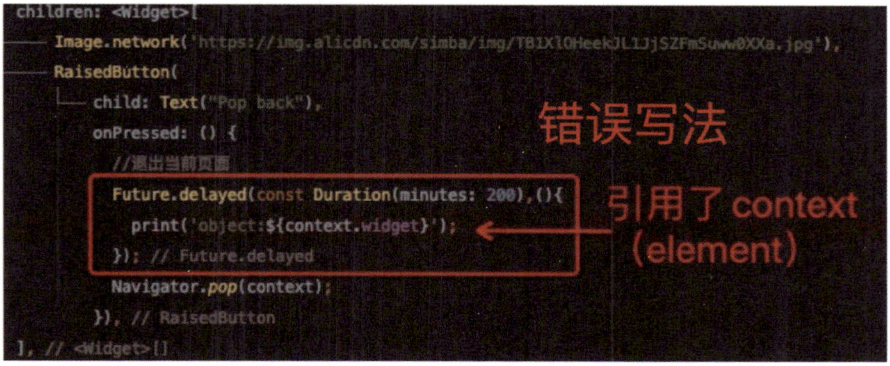

(b) 错误写法

图 4-42 代码示例

2. 定位内存泄露的工具

目前 Flutter 内存泄露检测工具的设计思路是，对比界面进入前后的对象，找出未被释放的对象，进而查看未释放的引用关系（Retaining path 或 Inbound references），再结合源码分析，最后找到错误代码。

使用 Flutter 自带的 Observatory 虽然可以一个一个地查看每个泄露对象的引用关系，但是对于稍微复杂的界面，最终生成的 Layer 个数是非常繁杂的，想要找到有问题的代码也变得更困难，为此将这些繁杂的定位工作都进行了可视化。

首先，利用 Layer 数量折线图，如图 4-43 所示，记录每一帧提交到引擎的所有

EngineLayer，并以折线图的形式呈现出来。如果出现了上文说的内存中的 Layer 异常个数大于使用中的 Layer 个数的情况，就可判断前一个页面存在内存泄露问题。

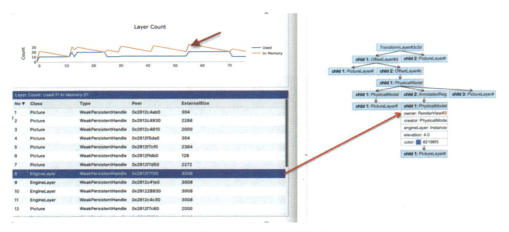

图 4-43　Layer 数量分析

为了进一步定位问题，还抓取了当前页面 Layer 树结构，如图 4-44 所示。可以定位到具体由哪棵 RenderObject 树生成的 Layer 树，进而通过 RenderObject 找到相应的 Element。

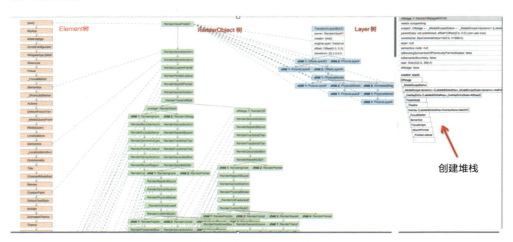

图 4-44　Layer 树结构

这种通过检测 C/C++ 对象未被正常回收，进而反向查找 Dart 内存泄露的方法，虽然是一种实用可行的内存检测方法，但因为 Dart 对象引用链过长，排查难度较大，也尚待加强。

4.3.3 CPU 使用率治理

Flutter App 可以使用 DevTools 工具查看性能，过多的方法调用和方法耗时在一定程度上反映出 CPU 使用率过高。引发 CPU 使用率过高的原因有很多，优化方向大体分为以下两类。

1. 优化算法，减少无效逻辑消耗

以网络图片显示且使用 Flutter 外接纹理为例，优化算法流程如图 4-45 所示，若出现解析后的 Bitmap 过大的情况，则会出现图片文件 I/O 和解析、Bitmap 生成 OpenGL 纹理消耗浪费。以上可按照 Widget 宽高计算 Bitmap 大小，减少不必要的计算消耗。

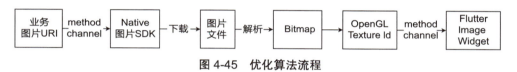

图 4-45　优化算法流程

2. 合理利用缓存，减少重复逻辑

同样以网络图片为例，通过设计 Native 和 Dart 的图片缓存池，如图 4-46 所示，减少不必要的重复计算消耗。

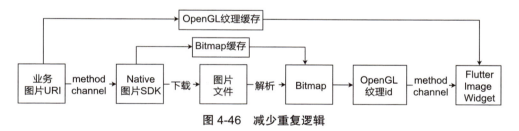

图 4-46　减少重复逻辑

此外，合理使用 Dart 常量构造函数，创建编译器常量。以 Flutter Framework 中 ClampingScrollPhysics 为例，在列表滑动过程中会频繁调用 applyTo 方法，若未使用常量构造函数，则会创建大量的重复对象，消耗性能。

```
class ClampingScrollPhysics extends ScrollPhysics {
  /// Creates scroll physics that prevent the scroll offset from exceeding the
  /// bounds of the content…
  const ClampingScrollPhysics({ ScrollPhysics parent }) : super(parent:
parent);
```

```
@override
ClampingScrollPhysics applyTo(ScrollPhysics ancestor) {
  return ClampingScrollPhysics(parent: buildParent(ancestor));
}

...
}
```

4.3.4 小结

本节主要讲述了通过异常治理、内存泄露治理和 CPU 治理三个方面解决应用的稳定性问题。

- 在异常治理中，秉承开源节流的方法，在控制新增异常进入主干的同时，每个版本都进行一部分异常的修复；
- 在内存泄露治理方面，对于现有的 DevTools 进行了深度定制，总结了用于检测内存泄露的工具；
- 在 CPU 治理方面，主要通过 DevTools 排查和定位问题，并总结出了两大类方法。

闲鱼在应用稳定性上的投入还将持续进行，虽然通过集中治理解决了一部分问题，但是随着业务的快速迭代，稳定性和性能在迭代中无法避免地会出现一些新问题。如何在后续的业务迭代中保持现有表现并且做到持续优化，是需要考虑的新命题。

4.4 可持续发展的高可用体系

为了持续地保障 Flutter 研发环境下的可用性，闲鱼持续地在研发流程中发掘和建设性能、稳定性相关指标的卡口。在新版本发布前，测试关键页面的流畅度 FPS、内存使用、CPU 数据和首屏打开时间，并生成最近 4 个版本的对比数据。若新版本和以往版本相比相差过多，则需要研发人员检查和修复。为此，也配套开发了一系列工具，接下来会逐一阐述已有和在建的高可用保障体系。

4.4.1 基于录屏的卡顿分析

在流畅度方面，需要一种工具能够以公平的视角衡量所有应用的流畅度。以 Android 为例，现有的流畅度工具可按以下分类。

（1）侵入式
- 集成 SDK，通过注册帧回调计算流畅度，如 Android 中的 Choreographer 类；
- Profile 模式，Flutter 可通过 DevTool 查看掉帧情况。

（2）无侵入式。执行系统命令，如 service call SurfaceFlinger 1013（Android 高版本已不支持）或 adb shell dumpsys gfxinfo ${packagename}。

按照 4.1.2 节提到的流畅度标准，定义动态画面流畅度指标为 FPS 平均值和平均 1s 大卡顿次数，但现有检测工具并不能直接计算平均 1s 大卡顿次数。其次，侵入式的检测工具并不能线下检测竞品 App 流畅度。再次，使用 ADB 命令的无侵入式检测方式，在 Flutter 页面不再适用。最后，检测工具如何同时支持 Android 原生、H5、小程序、ReactNative、Weex 和 Flutter 多平台也是需要考虑的难点。总的来说，期望一种线下使用的流畅度检测工具支持以下能力：支持检测 FPS 平均值和 1s 大卡顿次数；无侵入，支持检测第三方 App；支持多平台；支持操作自动化，避免人为操作差异。

为避免多平台差异，从 App 录屏画面入手，计算流畅度数值。当得到 App 滑动过程中的录屏数据时，可通过每 16.6ms（1 秒 60 帧）检测录屏画面是否发生变化，当连续画面未发生变化时，则表示发生了卡顿。无变化的连续画面数则表示了卡顿的时长，如图 4-47 所示。

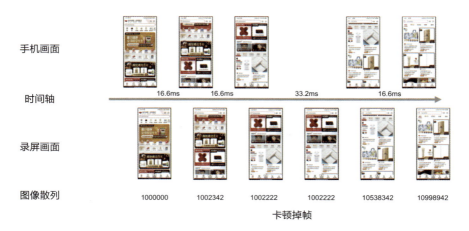

图 4-47　基于截屏画面的卡顿检测原理

为得到目标 App 每帧画面数据，检测工具 App 向系统注册录屏服务，然后在检测工具 App 的帧回调中不停地读取录屏画面，并和上次检测画面散列值比对，如图 4-48 所示。

- 检测工具 App 和目标 App 进程隔离，目标 App 发生卡顿时并不影响检测工具 App 的帧回调。
- 为保证每次录屏画面读取和散列值计算在 16.6ms 内完成，需要根据高低端机型调整画面宽高压缩比。

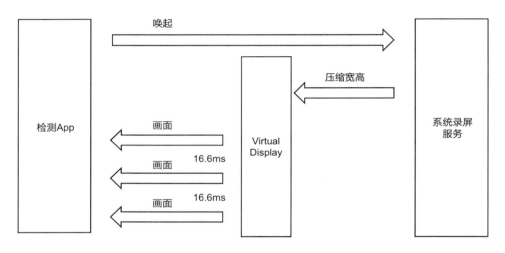

图 4-48　录屏画面读取流程

为了支持滑动操作自动化，Android 系统可使用 ADB 命令操作 App。这里使用的命令主要如下：

- 点击：adb shell input tap $x $y；
- 滑动：adb shell input swipe $x1 $y1 $x2 $y2 $duration。

流畅度检测工具界面如图 4-49 所示，悬浮框是检测工具 App，底下是被检测工具 App，配合自动化操作脚本，可得出 App 长列表滑动流畅度数值。

此外，使用流畅度检测工具时需注意以下两点：

- 低端机真实 FPS 计算存在偏差。为保证在低端机上计算截屏图像散列值在 16.6ms 以内，录屏画面压缩较大，为此在大量空白或大色块的场景下，无法检测到画面的细微变化，FPS 计算值偏低。为此，在低端机上检测 App 时，尽量避免有大量空白或大色块的场景。

第 4 章 性能优化和高可用体系

图 4-49　流畅度检测工具界面

- 当停止滑动时，若被检测 App 有视频播放，导致画面一直在变化，检测工具无法判断是否滑动停止；同时，由于视频 FPS 平均值为 30 左右，会导致流畅度数据偏低。为此，检测过程中需保证列表滑动不停止。

4.4.2　基于录屏的页面可交互时长分析

在前文中定义了页面的打开模型，页面可交互时长是衡量一个页面打开性能的重要指标，能直接反映用户在打开页面时的真实体验。在线上场景中，为了保证性能，闲鱼使用了页面覆盖率等方法进行计算。但是在线下场景中，显然有更好的选择，为了让指标更加贴近用户的真实体验，使用了基于录屏的方式采集页面可交互时长。

可交互时长线下工作流如图 4-50 所示，由于自动化链路还未全部打通，目前主要还是通过手动的方式测量。每次在发布版本前，都会由质量保证同事通过这条链路产出质量报告，并且对比上一版本的数据，针对异常数据进行重点排查。

其中，在图片算法识别部分，借助了阿里巴巴集团中较为成熟的魔镜平台，如图 4-51 所示。魔镜平台提供了丰富的接口，这为后续自动化铺平了道路。

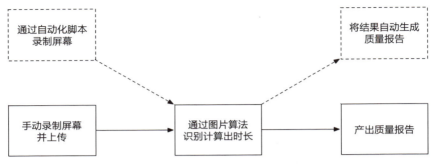

图 4-50　可交互时长线下工作流

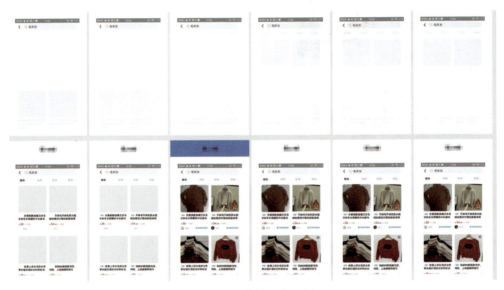

图 4-51　魔镜平台示例

4.4.3　Flutter 代码规范扫描

除了性能方面的检测工具，代码扫描是高质量、高可用和高性能架构的重要防线，且往往作为代码门禁的第一道防线。如何构建可靠的代码扫描服务，一直都是互联网及 IT 行业关心的话题。在 Flutter 的环境下，应该如何构建一种可持续集成的代码扫描系统呢？我们从代码规范出发，把系统分为两个核心部分，一是 Flutter 静态代码分析工具，二是持续集成环境。

1. Flutter 静态代码分析工具

代码分析很常见，一般是分为几个部分：AST 解析、规则匹配和上报，代码分析流程如图 4-52 所示。

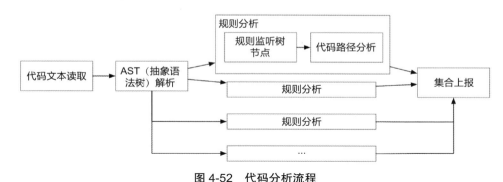

图 4-52　代码分析流程

首先扫描并读取输入的代码文件，经过词法分析、语法分析生成抽象语法树，然后每条代码规范规则会监听各自的树节点，单条规则会比较该规则的代码路径和输入的节点并进行匹配，最后上报匹配结果。

对于 Flutter 工程下的 Dart 语言，Flutter 官方提供了 DartAnalyzer 工具和 Flutter Analyze 工具，它们都是属于静态源码扫描工具，该工具会将 Dart 文件解析成一套 Dart 内定义的 AST。在该工具下，可以看一个简单的规则例子——avoid_empty_else 规则。该规则会监听 if 语句的节点，然后判断节点的 else 语句是否为空，如为空则上报，代码逻辑如下。

```dart
class _Visitor extends SimpleAstVisitor<void> {
  final LintRule rule;

  _Visitor(this.rule);

  @override
  void visitIfStatement(IfStatement node) {
    final elseStatement = node.elseStatement;
    if (elseStatement is EmptyStatement &&
        !elseStatement.semicolon.isSynthetic) {
      rule.reportLint(elseStatement);
    }
  }
}
```

经过对两种工具对比分析后发现，Flutter Analyze 在 DartAnalyzer 的基础上进行了封装，提供并发的扫描和缓存能力。二者分别对代码量为 200K 的 Flutter 工程进行扫描，最终 DartAnalyzer 总耗时约为半小时，而 Flutter Analyze 则花费 1 分钟左右。从效率角度来看，Flutter Analyze 会是更好的选择。

2. 持续集成环境

在确定了扫描工具后，应该如何搭建可持续集成的环境呢？闲鱼将该环境分成了 Git 仓库、Git 卡口、扫描工具和记录系统四个部分。在 Git 仓库的单分支下，其工作流程如图 4-53 所示。

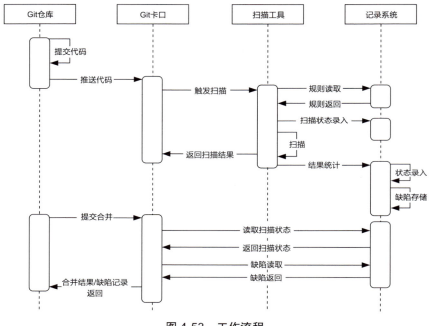

图 4-53　工作流程

首先需要监听和拦截 Git 仓库下的代码推送和合并操作。在有代码推送后，根据推送的仓库信息和分支信息触发扫描工具并执行扫描操作，将扫描后的结果录入系统。当提交了代码合并时，会根据系统内的扫描状态和缺陷记录判断是否能进行该次合并，并将缺陷信息传达给用户。

为了能将这种环境快速落地，选择了定制化 SonarQube[①] 来实现，SonarQube 平台（以下简称"平台"）可以提供以下几种功能：

---

① 一款专业的、开源的代码质量管理平台。

- 插拔式流程配置；
- 规则库和规则分类配置；
- 可视化展示缺陷代码。

在插拔式的设计上，将 Flutter Analyze 按照平台插件标准开发与封装，能快速地打通从代码推送到代码分析的流程。

基于规则库的支持，能根据各自的研发质量，将规则进行升级、降级和挂起（取消规则）。对于所有的规则，按严重程度和规则类型两个纬度分类。在严重程度上，从降序排列，主要分为阻断、严重、主要和次要四种程度。严重程度会从代码缺陷的影响面和发生的可能性两个方面评估，如果可能导致应用崩溃并且发生概率较高，就会定级为阻断问题，依此类推。另外，在规则分类上会分为 Bug、漏洞和异味三种。面向用户时，如果问题代码会导致用户体验急剧降低或是不可用，则是 Bug、面向黑客；如果问题代码很容易被黑客篡改而带来对用户影响，则归类到漏洞。当面向开发者时，如果问题代码会让维护者容易出错，就会被归类到异味。如图 4-54 所示，在生产目录引用了测试代码，该代码可能引发崩溃问题，并且只要运行到该功能就会出现，则归类为阻断或 Bug。

图 4-54 阻断示例

当代码分析插件将分析结果返回平台时，平台能根据结果中的代码坐标指定工程下指定目录的指定行，将缺陷代码和代码上下文在平台上即时展示和标记，如图 4-55 所示。

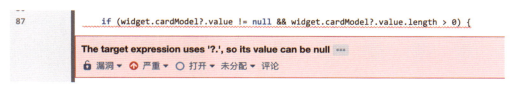

图 4-55 展示和标记代码

基于平台整合的持续集成环境，经过多轮测试后发现，代码量为 200K 的 Flutter 工程从缺陷发现到最终的缺陷分析只需要 3 分钟。

4.4.4 小结

本节介绍了 Flutter 中衡量集成包性能的工具以及静态代码分析的实现方法。在性能方面，使用了基于视频的方式衡量流畅度以及页面打开时长，这种方式更能反映真实的用户感受，并且有利于与其他应用进行横向对比。在稳定性方面，通过代码规范的角度描述了扫描规则是如何应用到 Dart 代码上的，然后描述了如何构建持续集成环境，让代码规范保持下去，并对规范定制了对应的标准。在闲鱼内部，通过整个代码扫描系统，清除了历史存在的数百个严重规范问题，并保障了新增问题为 0。后续在代码扫描方面，闲鱼会从更多的维度挖掘代码问题，例如如何发现重复代码，如何迭代消除弃用 API 的使用等。

第 5 章
高级UI及动画效果

> Flutter 是一个非常好的布局框架，用户除了可以直接使用 Flutter 官方提供的基于 Widget 的布局方式，还可以自定义高级的 UI 方案，以及好看、可行的动画效果方案。例如，在闲鱼客户端广泛使用的动态布局方案 DinamicX、高度可定制化的流式布局 PowerScrollView、转场动画的优化方案及可配置的动画方案 Lottie。

5.1 动态布局方案 DinamicX

随着闲鱼业务的不断扩展，在首页、搜索等业务场景中，对千人千面以及快速实验功能的需求越来越强烈，亟需一个动态渲染方案。在此背景下，动态布局方案 DinamicX 应运而生。

闲鱼使用阿里巴巴集团内部的 DinamicX 作为 DSL，在 Flutter 端提供了动态模板渲染功能。DinamicX 的 DSL 与 Android XML 十分相似，在布局的表达上，使用类似于 Android 的 Measure 机制实现它的布局，这与 Flutter 原生的布局表达方式有很大差别。为了理解 DinamicX 的布局表达，下面围绕 RenderObject 自定义的方式管理 Layout 布局。

5.1.1 整体架构设计

基于 RenderObject 层，设计了一个新的渲染架构。在新的渲染架构中，每一个 DSL 节点都会被转化为 RenderObject Tree 上的一棵子树，这棵子树主要由三部分组成——Decoration 层、Render 层和 Content 层，如图 5-1 所示。

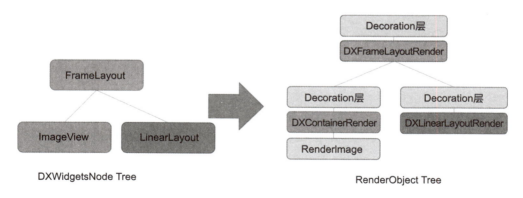

图 5-1 渲染架构

（1）Decoration 层。Decoration 层用于支持背景色、边框、圆角和触摸事件等，这些可以通过组合方式实现。

（2）Render 层。Render 层用于表达 Node 在转化后的布局规则与尺寸。

（3）Content 层。Content 层负责显示具体内容，对于布局控件来说，内容就是自己的 Children，而 TextView、ImageView 等非布局控件的内容将采用 Flutter 中的 RenderParagraph、RenderImage 表达。

Render 层是新版渲染架构中的核心层，对于理解 DSL 布局理念起到了关键作用，渲染类图如图 5-2 所示。

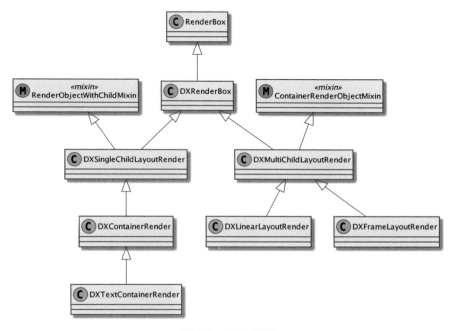

图 5-2　渲染类图

DXRenderBox 是所有控件 Render 层的基类，其派生了 DXSingleChildLayoutRender 和 DXMultiChildLayoutRender 两个类。

其中，DXSingleChildLayoutRender 是所有非布局控件 Render 层的基类，而 DXMultiChildLayoutRender 是所有布局控件 Render 层的基类。

对于非布局控件来说，Render 层只影响其尺寸，不影响其内部显示的内容，所以理论上 View、ImageView、Switch 和 Checkbox 等控件在 Render 层的表达都是相同的。DXContainerRender 是用于表达这些非布局控件的实现类。对于 TextView 来说，由于 maxWidth 属性会影响其尺寸并且需要特殊处理文字垂直居中的情况，因而单独设计了 DXTextContainerRender。

不同的布局控件代表不同的布局规则，因此不同的布局控件在 Render 层会派生出不同的实现类。DXLinearLayoutRender 和 DXFrameLayoutRender 分别用于表达 LinearLayout 与 FrameLayout 的布局规则。

5.1.2　DSL 渲染的实现

5.1.3　Flutter Layout 的原理

先简单回顾 Flutter Layout 的原理，本节重点介绍 Flutter Layout 中用于计算 RenderObject 的 size 部分。

在 Flutter Layout 的过程中，最重要的是确定每个 RenderObject 的 size，而 size 是在 RenderObject 的 Layout 方法中确定的。Layout 方法主要做了两件事：一是确定当前 RenderObject 对应的 relayoutBoundary；二是调用 performResize 或 performLayout，确定自己的 size。

```
abstract class RenderObject {
  Constraints get constraints => _constraints;
  Constraints _constraints;
  bool get sizedByParent => false;
  void layout(Constraints constraints, { bool parentUsesSize = false }) {
    //计算relayoutBoundary
    ...
    //layout
    _constraints = constraints;
    if (sizedByParent) {
      performResize();
    }
    performLayout();
    ...
  }
}
```

参数 constraints 代表 parent 传入的约束，最后计算得到的 RenderObject 的 size 必须符合约束。参数 parentUsesSize 代表 parent 是否会使用 child 的 size，它参与计算 repaintBoundary，可以对 Layout 方法起到优化作用。

sizedByParent 是 RenderObject 的一个属性，默认为 false，子类可以重写这个属性。顾名思义，sizedByParent 表示 RenderObject 的 size 完全由其 parent 决定。也就是 RenderObject 的 size 只和 parent 的 constraints 有关，与 children 的 size 无关。

1. 如何实现 sizedByParent

当 sizedByParent 为 true 时，表示 RenderObject 的 size 与 children 无关。在 DX RenderBox 中，只有当 widthMeasureMode 和 heightMeasureMode 均为 DX_EXACTLY 时，sizedByParent 才能被设为 true。

代码中的 nodeData 类型为 DXWidgetNode，代表 DSL Node，而 widthMeasureMode 和 heightMeasureMode 分别代表 DSL Node 的宽与高对应的 MeasureSpecMode。

```
abstract class DXRenderBox extends RenderBox {
    DXRenderBox({@required this.nodeData});
    DXWidgetNode nodeData;
    @override
    bool get sizedByParent {
        return nodeData.widthMeasureMode == DXMeasureMode.DX_EXACTLY &&
        nodeData.heightMeasureMode == DXMeasureMode.DX_EXACTLY;
    }
    ......
}
```

2. 如何实现 performResize

只有当 sizedByParent 为 true 时，也就是 widthMeasureMode 和 heightMeasureMode 均为 DX_EXACTLY 时，performResize 方法才会被调用。若 widthMeasureMode 和 heightMeasureMode 均为 DX_EXACTLY，则证明 nodeData 的宽和高要么是具体值，要么是 match_parent。所以，在 performResize 方法里，只需要将宽和高设为具体值或 match_parent 即可。当宽和高有具体值时，则取具体值；当宽和高没有具体值时，则表示为 match_parent，取 constraints 的最大值。

```
abstract class DXRenderBox extends RenderBox {
    ......
    @override
    void performResize() {
        double width = nodeData.width ?? constraints.maxWidth;
```

```
        double height = nodeData.height ?? constraints.maxHeight;
        size = constraints.constrain(Size(width, height));
    }
    ......
}
```

3. 非布局控件如何实现 performLayout

DXRenderBox 作为所有控件 Render 层的基类，无须实现 performLayout。不同的 DXRenderBox 的子类对应的 performLayout 方法是不同的，这个方法也是 Flutter 理解 DSL 的关键。接下来，以 DXSingleChildLayoutRender 为例，说明 performLayout 的实现思路。

DXSingleChildLayoutRender 的主要作用是确定非布局控件的大小。例如，一个 ImageView 的具体大小就是通过它来确定的。

```
abstract class DXSingleChildLayoutRender extends DXRenderBox with RenderObjectWithChildMixin<RenderBox> {
@override
void performLayout() {
BoxConstraints childBoxConstraints = computeChildBoxConstraints();
if (sizedByParent) {
  child.layout(childBoxConstraints);
} else {
child.layout(childBoxConstraints, parentUsesSize: true);
size = defaultComputeSize(child.size);
}
}
......
}
```

先计算出 childBoxConstraints，再判断 DXSingleChildLayoutRender 是否为 sizedByParent。如果是，则表示 DXSingleChildLayoutRender 的 size 已经在 performResize 阶段计算完成，只需要调用 child.layout 方法即可。否则，需要在调用 child.layout 时，将 parentUsesSize 参数设置为 true，通过 child.size 计算 DXSingleChildLayoutRender 的 size。可是，该如何通过 child.size 计算 DXSingleChildLayout

Render 的 size 呢？

```
Size defaultComputeSize(Size intrinsicSize) {
    double finalWidth = nodeData.width ?? constraints.maxWidth;
    double finalHeight = nodeData.height ?? constraints.maxHeight;
    if (nodeData.widthMeasureMode == DXMeasureMode.DX_AT_MOST) {
        finalWidth = intrinsicSize.width;
    }
    if (nodeData.heightMeasureMode == DXMeasureMode.DX_AT_MOST) {
        finalHeight = intrinsicSize.height;
    }
    return constraints.constrain(Size(finalWidth,finalHeight));
}
```

1）如果宽和高对应的 measureMode 为 DX_EXACTLY，那么最终宽和高有具体值就取具体值，没有具体值就表示为 match_parent，取 constraints 的最大值。

2）如果宽和高对应的 measureMode 为 DX_ATMOST，那么最终宽和高取 child 的宽和高即可。

4. 布局控件如何实现 performLayout

在 performLayout 中，布局控件除了需要确定自己的 size，还需要设计好自己的布局规则。下面以 FrameLayout 为例，说明布局控件的 performLayout 的实现方法。

```
class DXFrameLayoutRender extends DXMultiChildLayoutRender {
  @override
  void performLayout() {
    BoxConstraints childrenBoxConstraints = computeChildBoxConstraints();
    double maxWidth = 0.0;
    double maxHeight = 0.0;
    //layout children
    visitDXChildren((RenderBox child,int index,DXWidgetNode childNodeData,
DXMultiChildLayoutParentData childParentData) {
      if (sizedByParent) {
        child.layout(childrenBoxConstraints,parentUsesSize: true);
      } else {
```

```
      child.layout(childrenBoxConstraints,parentUsesSize: true);
      maxWidth = max(maxWidth,child.size.width);
      maxHeight = max(maxHeight,child.size.height);
    }
  });
  //compute size
  if (!sizedByParent) {
    size = defaultComputeSize(Size(maxWidth, maxHeight));
  }
  //compute children offsets
  visitDXChildren((RenderBox child,int index,DXWidgetNode childNodeData,
DXMultiChildLayoutParentData childParentData) {
    Alignment alignment = DXRenderCommon.gravityToAlignment(childNodeData.
gravity ?? nodeData.childGravity);
    childParentData.offset = alignment.alongOffset(size - child.size);
  });
 }
}
```

FrameLayout 的布局过程分为三部分：

- 对于 Layout 所有的 children，如果 FrameLayoutRender 不是 sizedByParent，则需要同时计算所有 children 的最大宽度与最大高度，用于计算自身的 size。
- 计算自身 size，计算方案 defaultComputeSize 详见上一节。
- 将 gravity 转化为 alignment，计算所有 children 的 offsets。

对于 FrameLayout 的布局过程，读者是否觉得非常简单呢？需要指出的是，上述 FrameLayoutRender 的代码会遇到一些不正常的情况，其中比较经典的问题就是 FrameLayout 的宽度和高度为 match_content，而其 children 的宽度和高度均为 match_parent。这种情况在 Android 中会对同一个 child 进行"两次测量（measure）"，在 Flutter 中该如何实现呢？

5. Flutter 如何解决"两次测量"的问题

我们先来看一个例子，如图 5-3 所示，LinearLayout 是一个竖向线性布局，width 被设为 match_content，它包含两个 TextView，它们的 width 均为 match_parent，在这个例子中，整个布局的流程应该是怎样的呢？

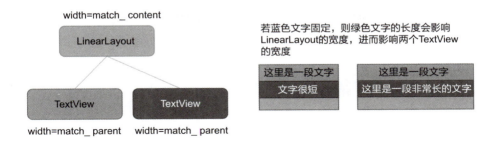

图 5-3　两次测量问题

首先，需要依次测量（第一次测量）两个 TextView 的 width，MeasureSpecMode 为 AT_MOST，简单来说，就是问它们具体需要多宽。接着，LinearLayout 会将两个 TextView 需要的宽度的最大值设为自己的宽度。最后，对两个 TextView 进行第二次测量，此时 MeasureSpecMode 会被改为 Exactly，MeasureSpecSize 为 LinearLayout 的宽度。

而常见的 Flutter 的 layout 方案有以下两种：

- 先在 performResize 中计算自身 size，再通过 child.layout 确定 children sizes。
- 先通过 child.layout 确定 children sizes，再根据 children sizes 计算自身 size。

以上方案均不能满足例子中想要的效果，需要找到一个方案，在调用 child.layout 之前，便能知道 child 的宽度和高度。最后发现，getMinIntrinsicWidth、getMaxIntrinsicWidth、getMinIntrinsicHeight 和 getMaxIntrinsicHeight 四个方法能够满足要求。下面以 getMaxIntrinsicHeight 为例，介绍这些方法的用途。

```
double getMaxIntrinsicWidth(double height) {
    return _computeIntrinsicDimension(_IntrinsicDimension.maxWidth,
height, computeMaxIntrinsicWidth);
}
```

getMaxIntrinsicWidth 接收了一个参数 height，用于确定当 height 为此值时，maxIntrinsicWidth 应该为多少。这个方法最终会通过 computeMaxIntrinsicWidth 方法计算 maxIntrinsicWidth，计算结果会被保存。如果需要重写，那么不应该重写 getMaxIntrinsicWidth 方法，而应该重写 computeMaxIntrinsicWidth 方法。

> 注意：这些方法并非轻量级方法，只有在真正需要时才可使用。

或许有读者不禁要问，这些方法计算出来的宽度和高度准确吗？实际上，每个 RenderBox 的子类都需要保证这些方法的正确性，比如用于展示文字的 RenderParagraph 就实现了这些 compute 方法，因此得以在 RenderParagraph 被 Layout 之前获取其宽度。

我们设计的 Render 层中的类也需要实现 compute 方法，这些方法实现起来并不复杂。下面还是以 DXSingleChildLayoutRender 为例，说明如何实现这些方法。

```
@override
double computeMaxIntrinsicWidth(double height) {
  if (nodeData.width != null) {
    return nodeData.width;
  }
  if (child != null) return child.getMaxIntrinsicWidth(height);
  return 0.0;
}
```

这样就可以解决例子中的问题了。首先，通过 child.getMaxIntrinsicWidth 计算每个 child 需要的宽度。接着，根据这些宽度的最大值，确定 LinearLayout 的宽度，最后，通过 child.layout 对每个 child 进行布局，传入的 constraints 的 maxWidth 和 minWidth 均为 LinearLayout 的宽度。

5.1.4 实际应用场景

通过对 RenderObject 的定制，彻底解决了 iOS 和 Android 两端渲染不一致的问题，在首页、搜索、详情及我的等页面都已经落地，满足了线上业务动态运营的需求，同时极大地减少了原有 Native DX 页面向 Flutter 迁移的工作。

在性能方面，由于增加了模板解析、数据绑定等流程，每一帧的构建阶段的耗时与原生 Flutter 相比稍有增加，如何实现更高效的 DSL 渲染也是未来要优化的方向。

5.2 流式布局 PowerScrollView

目前，闲鱼的主要业务场景都已经使用 Flutter 实现，其中流式布局是最常见的页面布局场景，如搜索、商品详情等。随着业务的快速迭代和业务复杂度的不断增加，对流式场景的能力和性能要求也越来越高。

在能力方面，最常见的有卡片曝光、滚动锚点和瀑布流布局等能力。随着业务和需求的不断变化，Flutter 原生方案和一些开源解决方案，渐渐无法满足需求。

在性能方面，流式场景下的列表滚动流畅度问题随着业务复杂度的增加而逐渐严重，亟须解决，以提升用户的使用体验。

针对以上在业务中存在的问题，闲鱼设计了一种流式场景下通用的页面布局解决方案。

5.2.1 整体架构设计

在设计架构之前，我们充分调研了原生 Native 的滚动容器：UICollectionView（iOS）和 RecyclerView（Android）。其中，UICollectionView 的 Section（段落）理念令人印象深刻，RecyclerView 的架构设计也启发了我们。由于 Flutter 的独特性，不能将其照搬过来，所以目标是借鉴 Native 成熟的滚动容器，加上 Flutter 的特点，设计出优秀的滚动容器。

Flutter 原生容器有常用的 ListView、GridView，它们的布局较为单一，功能较为简单。官方提供了 CustomScrollView 的进阶 Widget，CustomScrollView 由多个 Sliver 拼接而成，以适应更复杂的使用场景，闲鱼将基于 CustomScrollView 进行设计。

从使用角度出发，整个列表由若干 Section 组成，又将 Section 分为 header、content 和 footer 三部分。header 为段落的头部，一般可作为 Section 的头部装饰，支持是否吸顶；content 为 Section 的正文，支持常见的布局方式——列表、网格、瀑布流以及自定义 Section 的 content 由任意一个 cell 组成，cell 即为列表最小粒度的 item；footer 为段落的尾部，作为 Section 的尾部装饰，列表拥有下拉刷新与和分段加载的功能。

从 Flutter 原生容器出发，CustomScrollView 支持任意一个 Sliver 的组合，Sliver 提供了 SliverList、SliverGrid 和 SliverBox 等组件，已基本符合要求。将 Section 的 header 和 footer 各对应一个 SliverBox，content 对应 SliverList 或 SliverGrid，再单独为瀑布流布局开发一个 SliverWaterfall；最后在整个列表的头部和尾部插入用于刷新加载更多的 Sliver。

将 PowerScrollView 分成数据源管理器、控制器、事件回调和刷新配置四大部分，如图 5-4 所示。

（1）数据源管理器。用于数据的管理涉及 Section 初始化与增删改查。

（2）控制器。主要用于控制 PowerScrollView 的刷新和加载，滚动到某个位置等。

（3）事件回调。将事件分类，外部使用时可只监听需要的回调。

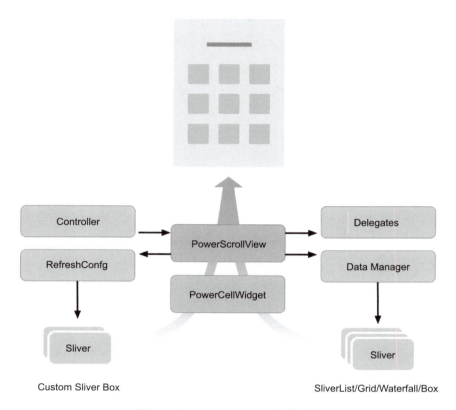

图 5-4 PowerScrollView 架构设计

（4）刷新配置。为了提升刷新的灵活性，将刷新单独抽出，既可以使用提供的标准刷新组件，也可自定义。

5.2.2 功能完善

闲鱼为 PowerScrollView 完善了业务使用的功能，包括自动曝光、滚动到某个 index、瀑布流、刷新加载更多等。下面将重点介绍前两部分。

1. 自动曝光

在 Flutter 中，通常不得不将曝光放在 build 函数中，这会使曝光错乱，不在屏幕上但在屏幕缓冲区的部分将被错误曝光，有多次曝光问题，代码臃肿混乱。曝光功能是各种业务人员的核心诉求，所以在 PowerScrollView 中对曝光功能进行了统一封装，通过事件回调给使用者。

在 PowerScrollView 中，用 cell 封装了最小粒度的 item，对 item 的封装大大增强了掌控力。正因如此，自定义了 cell 的 StatefulElement，在 Element 节点的生命周期中 mount 和 unmount 记录当前 Element 节点，利用 InheritedWidget 将 Element 节点维护在外面的列表中。

在 PowerScrollView 的滚动中，会遍历检查 Element 数组，筛选屏幕中的元素进行曝光回调。其中，被筛选掉的即为缓冲区的元素，同时维护单个数组，避免单元素当次屏幕中多次曝光。

在复杂场景中，会存在 cell 高度先为 0，下载模板渲染后再撑开的情况，在这种情况下，整个 Element list 数据会非常大且不正确，需要将其过滤掉。但当 cell 刷新之后，需要进行正确的曝光。所以在 cell 中监听了 size 的变化，当高度由 0 变成不为 0 时，通知上层进行一次曝光。

2. 滚动到某个 index

Flutter 本身提供了滚动到某个位置的功能，但在一般业务场景下，不知道要滚动的位置，最多知道要滚动到第几个，这使得 Flutter 中的很多交互功能无法实现。这个问题分两种场景进行分析。

场景一：当要滚动的目标 index 的 cell 在视图树中（当前屏幕及缓冲区）时，由于已经维护了一个屏幕及缓冲区的 Element 数组，可以通过遍历将其找到，然后滚动到可见区域。

场景二：当要滚动的目标 index 的 cell 不在视图树中时，先将当前屏幕的 index 与目标 index 进行比较，判断需要向上滚动还是向下滚动。再以较快的速度滚动特定距离，滚动之后进行递归，直到找到目标 index。由于滚动距离与时间的不确定性，在极端情况下会没有动画效果，普通的动画效果可能也会有些生硬。

5.2.3 性能优化

1. 为什么要做局部刷新

在实际的流式业务场景中，经常会因为数据源的更新而刷新整个列表容器，例如加载下一页的数据，删除或者插入 cell，或某个 cell 的一个按钮状态发生变化。刷新范围过大往往是造成列表容器卡顿、流畅度降低的主要原因，严重影响了用户的操作体验。

所以，需要尽量减少 Widget 树打脏刷新的范围，减少 Element 节点重构函数（rebuild）的调用，实现局部刷新。

2. Viewport 刷新的过程

为什么整个列表容器打脏刷新会带来严重的耗时呢？先简单看一下 Viewport 的刷新过程。

列表容器被打脏之后，会做两个关键的操作：

- Viewport 所有 Sliver 的 Element 都会重构（rebuild）；
- Viewport 会重新布局（Layout），进而所有的 Sliver 也会重新布局。

看 Viewport 布局的过程：这个方法的核心是先找到当前的 center sliver（一般是第一个 child）的位置，再向上、向下遍历 Viewport 每一个 Sliver；每个 child sliver 根据当前 Viewport 在 Scrollview 中的 scrollOffset、Viewport 的大小及 cacheExtent 的大小等信息（SliverConstraints），计算当前需要展示的 child 的 index 范围，对每一个在可显示范围的 child 进行布局。

以图 5-5 为例，SliverList 在可视范围内需要布局的 child index 为 2~3；SliverGrid 需要布局的 child index 为 0~3。

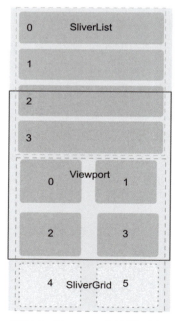

图 5-5　Viewport 刷新的过程

再来看 Viewport 所有 Sliver 的 Element 重构的过程，这个过程才是列表容器刷新耗时的关键。

常见的几种布局 SliverList、SliverGrid，以及闲鱼自定义的瀑布流布局 SliverWaterfall 的实现，都继承自 SliverMultiBoxAdaptorWidget，一个管理多 child（Box 模型）的 Sliver 的基类。它对应的 Element 是 SliverMultiBoxAdaptorElement，主要负责 child 的创建、更新和移除等与生命周期相关的工作，这正是局部刷新需要精细处理的地方。

SliverMultiBoxAdaptorElement 内部维护两个 Map，缓存 childElements 及 child Widgets，在 ViewPort 需要构建的时候（上面提到的 Layout 过程）懒加载自己的子组件（childWidgets）。

```
final Map<int, Widget> _childWidgets = HashMap<int, Widget>();
final SplayTreeMap<int, Element> _childElements = SplayTreeMap<int,Element>();
```

重构过程之所以耗时，是因为要清空所有子组件（childWidgets）缓存，重新构建子组件，更新子 Element 节点。如果遇到数据发生变化，例如 insert、delete 等操作，则很有可能导致节点无法复用，这样重构的成本会更高。

在摸清基本原理之后，我们开始思考，当列表容器的内容发生变化时（例如 insert、delete、LoadMore），是否可以做出一些优化，只让发生变化的部分去构建和布局呢？

首先，Sliver 的 Element 全部重构的做法过于简单粗暴，可以通过更精准地控制 Sliver Element 中的 childWidgets 与 childElements，实现局部刷新的目的。

下面针对具体的场景，来看如何实现精准的 childWidgets 与 childElements 控制，及局部刷新。

3. 可变的 childCount

在常见的需要局部刷新的场景中，容器元素的数量往往会发生变化。在使用 CustomScrollview 的过程中，childCount 都是在创建时指定的，当 childCount 方式发生变化时，需要重新构建列表容器。

要避免因为 Sliver 内部元素数量变化，必须重新构建整个容器的问题发生。

虽然也可以使用 childCount 为空，根据 builder 返回 null，决定是否为最后一个 child 方式实现可变 childCount，但这种方式并不太符合习惯，也会增加使用方的额外成本，所以并未采用这种方式。

最后的做法比较简单，通过继承 SliverChildBuilderDelegate，修改 childCount 获取方法。

```
class PowerSliverChildBuilderDelegate extends SliverChildBuilderDelegate {
    PowerChildCount childCountGetter;
    int get childCount => childCountGetter != null ? childCountGetter() : (childCount ?? 0);
}
```

4. 局部刷新之 LoadMore

LoadMore 的实现相对简单，需要做的主要有两点，如图 5-6 所示。

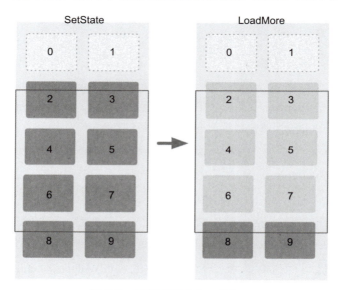

图 5-6　局部刷新之 LoadMore

一是清理 Widgets 缓存，防止加载的过程中内存占用过大；二是保存与 _childElements 中 index 相同的 Widget。这里有一点需要特别注意：要过滤为 null 的 Widget，否则这个位置的 Widget 无法正常显示。

> 注意：_childWidgets 的最后一个 index 会是一个为 null 的值，具体为什么插入一个为 null 的 Widget，可以通过阅读源码寻找答案。

```
final Map<int, Widget> newChildWidgets = HashMap<int, Widget>();
for (final int index in _childElements.keys.toList()) {
    Widget oldWidget = _childWidgets[index];
    if (oldWidget != null) {
```

```
            newChildWidgets[index] = oldWidget;
    }
}
_childWidgets.clear();
_childWidgets.addAll(newChildWidgets);
```

打脏 sliver，重新布局子节点。

```
renderObject.markNeedsLayoutForSizedByParentChange();
```

使用 Dart DevTools 的 TimeLine 数据对比两种 LoadMore 方式。SetState 的 Timeline 如图 5-7 所示。

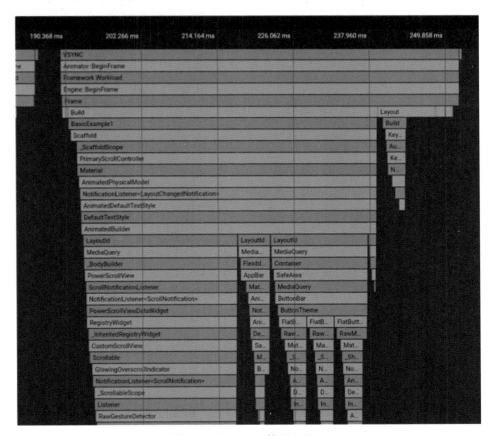

图 5-7　SetState 的 Timeline

LoadMore 的 Timeline 如图 5-8 所示。

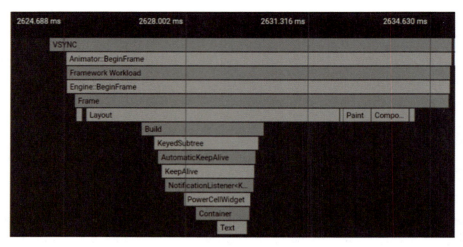

图 5-8　LoadMore 的 Timeline

5. 局部刷新之 Delete

如图 5-9 所示，首先整理 childWidgets 的内容，根据删除的 index，重新调整 childWidgets 中 Widget 与 index 的对应关系。

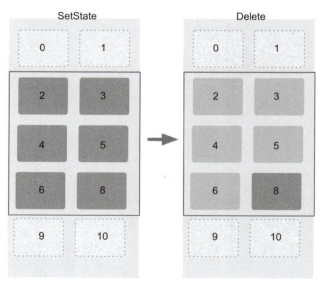

图 5-9　局部刷新之 Delete

```
final Map<int, Widget> newChildWidgets = HashMap<int, Widget>();
 _childWidgets.keys.forEach((int index) {
```

```
    // modify index
  });
  _childWidgets.clear();
  _childWidgets.addAll(newChildWidgets);
```

然后处理 _childElements，如果需要删除的 index 还未创建，那么只需要把当前 Sliver 的 RenderObject 的 Layout 信息标脏，重新布局即可。注意，这个过程不会重新布局当前 Viewport 已经展示的子节点。

```
renderObject.markNeedsLayoutForSizedByParentChange();
```

否则需要找到要删除的 child element、deactivate 对应的 Element，将其对应的 RenderObject 从 Render tree 上移除。

```
updateChild(_childElements[index], null, index);
```

这个过程会同时维护好 child 的 RenderObject 中 ParentData 的 previousSibling 和 nextSibling 的关系。接下来调整 _childElements 中 Element 与 index 的对应关系。最后更新每一个 child 的 slot。

```
try {
  renderObject.debugChildIntegrityEnabled = false;
  _childElements.keys.forEach((int index) {
    // update child slot
  });
} finally {
  renderObject.debugChildIntegrityEnabled = true;
  _currentlyUpdatingChildIndex = null;
}
```

将 Sliver 的 RenderObject 标脏，下一帧重新布局刷新。

6. 局部刷新之 Insert

Insert 的实现过程与 Delete 的类似，可以根据上面的过程自行实现，不做赘述。

7. Element 复用能力

不管是 iOS 的 UITableView、UICollectionView，还是 Android 的 RecyclerView，都支持 cell 的复用能力。在 Flutter 的列表容器中，在不修改 Framework 层的情况下，是否能够实现 Element 的复用呢？

首先分析 Element 被回收的过程，SliverMultiBoxAdaptorElement 通过 _childElements

来缓存 Elements，当滚动超出 viewport 的显示、预加载范围或者数据源发生变化时，会通过调用 collectGarbage 方法回收不需要的 Elements。

```
abstract class RenderSliverMultiBoxAdaptor extends RenderSliver {
  ...
  @protected
  void collectGarbage(int leadingGarbage, int trailingGarbage) {
    ...
  }
  ...
}
```

可以通过重写 collectGarbage 的方式，在不使用 keepAlive 的情况下，截获本该 deactive 的子节点，放入缓冲池中；当需要创建节点时，优先从缓冲池获取。

虽然原理比较简单，但是有些地方也需要注意：需要通过 remove 方法，将需要缓存的节点从 childList 中移除，而不是真正销毁节点，如果将它置为 defunct 状态，就无法复用了。

因为业务中的卡片布局基本相同，所以这里复用的逻辑做得相对简单，实际中针对卡片类型复用才能发挥出最好的效果。

5.2.4 数据对比

在低端机上，测试无限加载的复杂布局滚动列表，与 Flutter 原生的 CustomScrollView 数据进行对比，如图 5-10 所示。

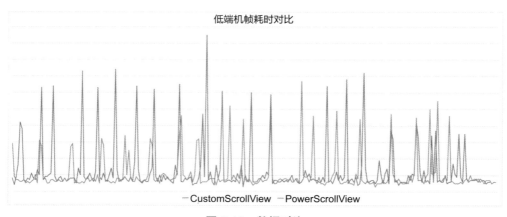

图 5-10　数据对比

5.2.5 小结

通过对列表容器能力的不断完善和在流畅度方面的不断优化，目前 PowerScrollView 已经能够更好地支撑闲鱼流式布局下的业务，给用户提供更好的使用体验。

但在一些低端机型上，长列表的表现仍然不尽如人意。对于瀑布流等一些需要复杂布局计算的场景，以及如何更好地优化布局计算过程，都需要继续探索。

目前的复用实现还比较粗糙，未来也会深入 Flutter 引擎，寻找提升复用能力的方法，让 PowerScrollView 真正成为一个高效流式布局的解决方案。

另外，在端到端研发方面，闲鱼在探索将列表容器与动态模板结合，实现云端一体化的页面搭建解决方案。

5.3 转场动画

5.3.1 背景

一款应用想要有很好的用户体验，合理使用动画是一个重要的方面。如在不同界面之间流畅地跳转，需要合理的转场动画。下面从原理出发，结合实际的应用场景，介绍动画的生成要素和优化方案。

5.3.2 Flutter 动画原理

动画系统在原理上大同小异，即在一定时间内，每隔一小段时间渲染出一系列连贯的画面。这一系列连贯的画面播放间隙很小，肉眼无法分辨，虽然实际上为逐帧播放，但从感官上看似乎为"移动"的画面，称为动画。

既然如此，如果能定时地在"一小段时间"内渲染出画面并显示出来，就能做成任意的一个动画系统了。

抽象出概念就很容易了，只要提供三个组件，就能实现一个动画系统。这三个组件的名称及作用如下：定时器：提供定时回调；插值函数：输入绝对时间，输出中间数值（插值）；UI 绘制，动画渲染的协作流程如图 5-11 所示。

下面举例说明这个三个组件的工作原理。

首先，由定时器提供定时回调函数，这个函数的名字根据系统的不同而不同，这里假设是 update(t)，其中 t 是绝对时间。

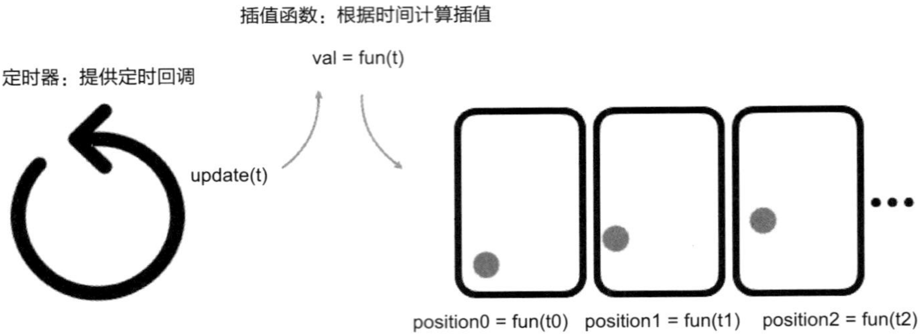

图 5-11 动画渲染协作流程

然后，在得到绝对时间 t 后，使用插值函数计算中间插值，这个插值根据动画的不同而不同，可能是位置，也可能是旋转角度等，根据每个绝对时间点进行计算。

最后，调用对应的渲染函数，渲染出每一帧的图形。至此动画就完成了。

下面以 Flutter 的简单动画为例，说明三个组件中在 Flutter 中分别对应的类。

```
class _MyHomePageState extends State<MyHomePage> with
TickerProviderStateMixin {
 void showAnimation(){
   //动画控制类
   AnimationController animationController = AnimationController(vsync:
this,duration: Duration(milliseconds: 1000));
   //动画描述
   Animation animation = Tween(begin: 0.0,end: 100).animate
(animationController);
   //动画状态改变回调
   animationController.addStatusListener((AnimationStatus status){
     print('AnimationStatus:$status');
   });
   //动画数值更新回调
   animationController.addListener((){
     print('${animation.value}'); // 打印 0 ~ 100
   });
   //启动动画
```

```
    animationController.forward();
  }
}
```

继承自 TickerProviderStateMixin 的 MyHomePageState 可以为 AnimationController 提供定时回调，并且在 AnimationController 实例化时以 vsync 参数传入。

1. 定时器 Ticker

传入的 vsync 可以创建定时器 _ticker，并且该定时器绑定了名为 _tick 的周期回调函数，这便实现了定时刷新。

```
class AnimationController {
    AnimationController({double value,this.duration,this.reverseDuration,
this.debugLabel,this.lowerBound = 0.0,this.upperBound = 1.0,this.
animationBehavior = AnimationBehavior.normal, @required TickerProvider
vsync,})
    {
      //创建定时类ticker,并且绑定定时回调_tick
      _ticker = vsync.createTicker(_tick);
      ...
    }
    //定时回调
    void _tick(Duration elapsed) {
      ...
    }
}
```

2. 插值函数

由 Animation 类实现，当在动画的回调函数中调用 animation.value 时，使用当前时间，根据起始值和最终值进行插值，计算出相对于绝对时间的中间插值。

为方便动画过程中值的生成，引入补间动画和 Tween 补间动画。通过指定初始值和结束值，提供绝对时间，插值计算补齐中间值。

当然，插值的具体类型可以是多种多样的，最常见的有 double，还有颜色 ColorTween、Rect（RectTween）和 Size（SizeRect）等。

如图 5-12 所示，在 1000ms 内，在 0~100 范围内做线性插值。因为传入的 vsync

会和 FPS 绑定，最终使得 animation.value 在这一秒内刚好被打印 60 次（FPS 为 60）。依此类推，有 duration: 1000ms，begin: 0 end: 100。

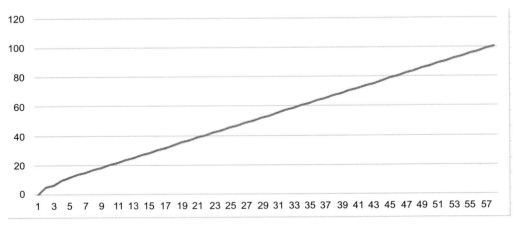

图 5-12　0 ～ 100 的线性插值

至此，有了定时刷新函数和插值函数的共同作用，并交由 Flutter 渲染，这便是 Flutter 动画的原理。

5.3.3　转场动画原理

说到界面的转场，那么必须要提到 Navgator 如何切换界面。

首先来看一棵普通的 Widget 树大致都有哪些节点。

```
MaterialApp
    WidgetApp
        Navigator
         Overlay
            _Theatre
               onstage
               offstage
```

- MaterialApp 和 WidgetApp 是普通的节点，在此不再展开。
- Navigator 被称为导航节点，继承自 StatefulWidget，它维护着一个 Route 栈，通过控制 Overlay 下的 OverlayEntry 控制不同 Route 栈的进退。
- Overlay 被称为覆盖节点，继承自 StatefulWidget，它按照 Route 节点分为 onstage 或 offstage，实现控制界面显示或隐藏的功能。

既然 Navigator 通过控制 Route 来控制不同界面的切换，那么转场动画的原理也就不难理解了。将动画的操作范围扩大至两个界面，通过控制旧界面的退出及新界面的进入，两个界面的位置、界面元素等，实现转场动画的原理。

接下来以 Navigator.push 跳转到新界面时的转场动画为例，通过解析函数调用过程，剖析进场动画是如何实现的，进而解析转场动画的实现原理。

当有调用 Navigator.push 跳转到其他 Route 时，如下所示。

```
Navigator.push(
 context,
 new MaterialPageRoute(builder: (context) => new SecondScreen()),
);
```

调用的堆栈如下所示。

```
new OverlayEntry
    ModalRoute.createOverlayEntries
      ..
        OverlayRoute.install
          TransitionRoute.install
            MaterialPageRoute.install
              NavigatorState.push
```

这里简化了调用栈，只列出主要的调用栈。当调用 Navigator.push 后，会调用 MaterialPageRoute 的 install 方法。因为 MaterialPageRoute 继承自父类 TransitionRoute、OverlayRoute，所以依次调用其两类的 install 方法。这里不同的类的 install 方法做了不同的事。首先看 TransitionRoute 的 install 方法。

TransitionRoute 类是转场动画的核心类。TransitionRoute 的 install 函数被调用后，会生成动画控制类 AnimationController 实例，以及用于描述动画的 Animation 实例。

```
class TransitionRoute<T> extends OverlayRoute<T> {
  void install(OverlayEntry insertionPoint) {
    _controller = createAnimationController();
    _animation = createAnimation();
    super.install(insertionPoint);
  }
}
```

再者，OverlayRoute 的 install 方法最终会调用 ModalRoute.createOverlayEntries，创建监听，用于监听动画的组件称为 _buildModalScope。这种组件最后会创建一个可以监听动画的组件 AnimationBuilder。

```
class OverlayRoute<T>{
 @override
 Iterable<OverlayEntry> createOverlayEntries() sync* {
   yield _modalBarrier = OverlayEntry(builder: _buildModalBarrier);
   yield OverlayEntry(builder: _buildModalScope, maintainState: maintainState);
 }
}
class ModalRoute<T>{
 Widget _buildModalScope(BuildContext context) {
    return _modalScopeCache ??= _ModalScope<T>(
      key: _scopeKey,
      route: this,
    );
  }
}
class _ModalScopeState<T> extends State<_ModalScope<T>> {
    @override
Widget build(BuildContext context) {
  return _ModalScopeStatus(
      .....
      child: AnimatedBuilder(
        animation: _listenable, // immutable
        builder: (BuildContext context, Widget child) {
          ...
        }
    )
}
```

AnimationBuilder 是一个可以监听动画回调的 Widget，每当动画回调，就可以进行重绘。最终回调到 MaterialPageRoute 的 buildTransition 和 buildPage 方法，最后由 MaterialPageRoute 决定呈现在设备上的画面。

至此，有了定时的回调函数，有了监听此回调的 Widget，也有了不停绘制的界面，转场动画完成。

是不是和 5.3.2 节中的动画原理非常相似？5.3.2 节中所举的例子是针对某个简单 Widget 或其他元素的，只不过这里操作的对象变成了更大的界面。

5.3.4　总结和优化

可以从原理中看到 Flutter 动画的实现是一个不停渲染新画面的过程，如果每帧画面过于复杂，那么必然会导致卡顿。在转场动画中，可以使用简单化的过渡界面进行优化，具体情况可以参考 4.2.2 节中的转场动画优化内容。

5.4　Lottie

5.4.1　背景

虽然上文介绍了 Flutter 动画原理，但是对于不懂程序的 UI 设计师而言，还是存在不小的难题。如何让 UI 设计师和程序员完美地协作，搭建一个既能方便设计师上手，又能满足效果要求的 UI 配置系统势在必行。现如今的 Flutter 尚缺少一个很好的解决方案。

Airbnb 开源了横跨 Android、iOS 和 Web 等多端的动画方案——Lottie，它以 JSON 格式的方式解决了复杂动画实现的开发成本问题。

Lottie 的整体协作流程如图 5-13 所示。

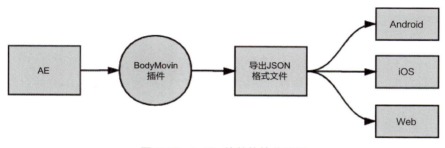

图 5-13　Lottie 的整体协作流程

众所周知，闲鱼是比较早地在客户端选择 Flutter 方案的技术团队，当前的闲鱼工程里也包含很多的 Flutter 界面。而 Airbnb 没有提供 Lottie-Flutter 方案，当前有一些第三方开发者提供了相关实现方案，基本上分为两种：

- 在 Native 端进行数据解析和渲染，使用桥接的方式把渲染数据传输到 Flutter 端；
- 在 Flutter 侧直接解析数据，然后使用 Flutter 自身的绘图功能进行渲染和显示。

不过，当前已经开源的方案都存在一些问题，前者在性能和显示方面存在一些问题，例如显示闪烁白屏；后者存在一些功能缺陷，例如不支持文本动画等。所以，这一直是闲鱼乃至整个 Flutter 开发者团体的一个痛点。

5.4.2 项目架构

闲鱼在调研了官方开源的 lottie-android 库之后，发现不管是数据解析功能，还是图形绘制功能，Flutter 都提供了媲美 Android 的实现方案。所以参考 lottie-android 库实现了一个功能完备、性能优异的纯 Dart Package，提供 Flutter 上的 Lottie 动画支持。

整个项目由基础模块、接口层和控件层构成，支持矢量图形、填充描边、基础变换、插值器、文本和图形绘制等功能。fish-lottie 的架构如图 5-14 所示。

5.4.3 工作流程

动画是由不同的图层组成的，在使用 AE 制作一段动画时，AE 提供了多个图层供设计师选择，例如纯色层（通常当作背景）、形状层（绘制各种矢量图形）、文本层、图片层等，每个图层都可以设置平移、旋转和放缩等变换。每个图层可能包含多个元素，例如形状图层可能由多个基本矢量图形和钢笔路径图形组合成为一个具有设计感的图案，每个元素也可能包含自己的变换。除了基础变换，还可以设置颜色、形状等变换。图层元素的动画组成了一个完整的动画，设计师通过 Lottie 提供的 BodyMovin 插件，将以上动画导出为 JSON 格式的文件，这个文件里描述了所有的绘制和关键帧信息。

如图 5-15 所示，得到 JSON 文件后，首先通过解析数据，把设计师在 AE 中制作的各种图层信息和动画信息进行解析并传递给一个 LottieComposition 对象；然后 LottieDrawable 获取到这个 LottieComposition 对象，并调用底层的 Canvas 绘制图形；接着通过 AnimationBuilder 控制进度；当进度发生变化时，通知 Drawable 重绘，绘制模块会获取处于该进度时的各项属性值；最后，就完成了动画的播放。

第 5 章 高级 UI 及动画效果

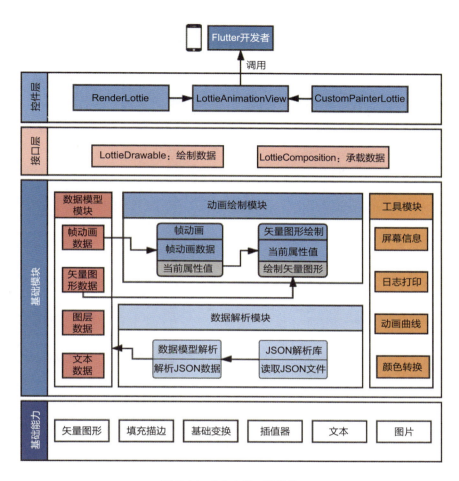

图 5-14 fish-lottie 的架构

图 5-15 Lottie 文件转化流程

在得到 JSON 文件之后，需要对文件里的数据进行解析和绘制，组件层提供三种方式获取 JSON 文件，分别为 asset（程序内置资源）、url（网络资源）和 file（文件资源）。Lottie 文件的加载和显示时序图如图 5-16 所示，省略了底层绘制的细节。

这里以 fromAsset 方式为例，其他的两种加载方式与此相同，都统一由 LottieCompositionFactory 处理。这里根据构造函数的不同，将加载方式分为三种，即

asset、file 和 url。根据类型的不同，调用 LottieCompositionFactory 里的不同加载方法，将对应的内置资源、网络资源和文件资源加载进来，并解析 JSON 文件。最终的产物是一个 LottieComposition 对象，这个对象经过异步加载解析，在解析完成之后会通知 LottieAnimationView 进行调用。将加载完成的 LottieComposition 对象传递给绘制类，LottieDrawable 会根据 Composition 里的内容建立图层组，图层组里包含形状、文本层等图层，和设计师在 AE 中制作动画时创建的图层一一对应。每个图层有不同的绘制规则和方法，然后在 LottieAnimationView 里获取系统的 Canvas，传递给 LottieDrawable 并调用 draw 方法。这样就可以使用系统画布绘制自己的动画内容了。

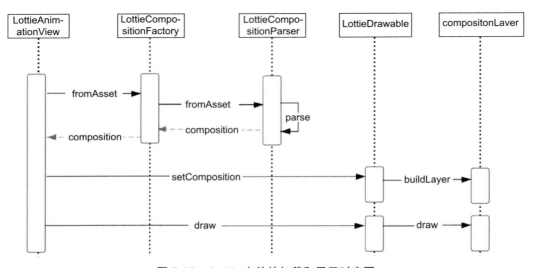

图 5-16　Lottie 文件的加载和显示时序图

完成动画的加载与显示后，还需要让画面动起来。通过 AnimationBuilder 的方式将 AnimationController 的 value 设置为 LottieDrawable 的 progress，然后触发重绘，使底层通过 progress 获取当前进度的各项动画属性，这样就可以实现动画的效果了。时序图如图 5-17 所示。

在 LottieAnimationView 里通过 Flutter 内置的 AnimationController 控制动画，其中 forward 方法可以让 Animation 的 progress 从零开始增加，这也是动画播放的开始。不断地调用 setProgress 函数，将动画的进度设置到各层，最终到达 KeyframeAnimation 层，更新当前进度。当进度改变后，需要通知上层重绘界面，最终将 LottieDrawable 里的一个 isDirty 的变量设为 true。在 setProgress 函数里，当完成进度设置后，获取 lottieDrawable 的 isDirty 变量，如果这个变量为 true，则证明进度已经更新，此时调用重写的方法 markNeedPaint()，这时系统会标记当前组件为需要更新的组件，Flutter

会调用重写的 paint 函数，对整个画面进行重绘。和显示的流程一样，一层层地进行绘制。在底层，会根据当前进度得到 KeyframeAnimation 中对应的属性值，然后绘制出来的画面就会产生变化。通过这样不断地更新进度，然后重新获取当前进度对应的属性并重绘，就可以实现动画的播放效果。

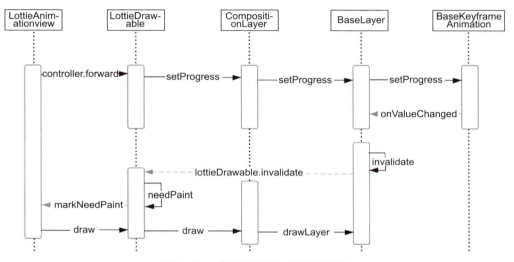

图 5-17　动画的绘制与播放时序图

5.4.4　实现差异

1. Android 组件层

对于 lottie-android 来说，AnimationView 和 Drawable 组成了整个组件层。AnimationView 继承于 ImageView，LottieDrawable 继承于 Drawable。整个工作的流程和上面所介绍的基本相同，开发者在 XML 文件中写入 LottieAnimationView 并设置 JSON 文件资源的路径。然后，AnimationView 会发起数据获取和解析，解析完成之后，把 Composition 对象传递给 LottieDrawable，然后调用重写的 Draw 方法展示动画。

整个动画的播放、暂停和进度等控制都是通过开发者在代码中获取 AnimationView 的引用，然后调用各种方法完成的，但其实真正的动画控制是由 LottieDrawable 里的 ValueAnimator 控制的。在初始化 LottieDrawable 的同时，会创建 ValueAnimator，它会产生一个 0 ~ 1 的插值，根据插值设置当前动画进度。LottieAnimationView 里的暂停和播放等动画控制方法，其实就是调用了 ValueAnimator 自身的对应方法来实现动画控制的。

2. Flutter 组件层

对于 Flutter 来说，因为并没有提供类似于 ImageView 和 Drawable 的组件用于继承和重写，所以需要自定义一个 Widget。自定义组件一般有三种方式：

（1）原生组件的组合。此处显然不能使用这种方法，因为需要获取系统提供的画布进行绘制。

（2）实现 CustomPainter。在 Flutter 中，提供了一个自绘 UI 的接口 CustomPainter，它会提供一块 2D 画布 Canvas。开发者可以通过 API 绘制各种自定义图形。可以在重写的 paint() 方法中获取到系统的 Canvas，然后把 Canvas 传递给 LottieDrawable，就可以完成动画的绘制了。当属性发生变化导致画面需要刷新时，在 shouldRepaint 返回 true。这个方案会有一些问题无法解决，因为整个 LottieAnimationView 是作为一个 Widget 嵌入 FlutterUI 中的，所以往往需要自定义动画播放区域（即 LottieAnimationView）的大小，当开发者没有设定这个宽高值或者设定的尺寸大于父布局的尺寸时，要根据父布局对子布局的约束适配和转换尺寸。但是在 Flutter 提供的 CustomPainter 中，没有暴露相应的接口用于获取 Widget 所对应的 RenderObject 的 constraint 属性，也就无法在开发者没有设置 LottieAnimationView 自身的宽高值时，根据父布局的约束进行尺寸适配，所以放弃了此方案。

（3）自定义 RenderObject。因为 Flutter 中的 Widget 只是一些轻量级的样式配置信息，真正进行图形渲染的类是 RenderObject，所以自然也可以重写 RenderObject 类中的 paint() 方法，获取系统画布进行绘制。这个方案会比上一个方案复杂一些，需要先定义一个继承于 RenderBox 的 RenderLottie 类，然后重写 paint() 方法，把系统的 Canvas 传递给 LottieDrawable，在需要进行刷新的地方调用 markNeedPaint 方法，完成界面重绘。对于 RenderObject 来说，可以获取当前组件的 constraint 属性，也就是在开发者没有设置 LottieAnimationView 的尺寸或者设置的尺寸超出父布局时，可以自适应父布局的尺寸。接下来需要定义一个继承于 LeafRenderObjectWidget 的组件 LeafRenderLottie，并重写 createRenderObject 方法返回 RenderLottie 对象，重写 updateRenderObject 方法更新 RenderLottie 的进度等各项属性。这就实现了一个 LottieWidget。如何控制动画的播放呢？LottieAnimationView 是作为一个 Widget 嵌入 FlutterUI 中的，一般不会通过获取它的引用来调用方法，于是就传入一个 Flutter 提供的 AnimationController，在 LottieAnimationView 的 build 方法中返回一个 AnimationBuilder，并把 AnimationController 的进度值传给 LeafRenderLottie。如果开发者没有传入 AnimationController，就提供一个默认的 controller 控制简单的动画播放。关键代码如下所示。

```
@override
void paint(PaintingContext context, Offset offset) {
if(_drawable == null)  return;
_drawable.draw(context.canvas, offset & size,fit: _fit, alignment: _
alignment);
}
//RenderLottie的paint方法
```

3. Android 贝塞尔曲线

贝塞尔曲线是组成动画的三元素之一。动画往往不是线性播放的，如果需要实现先快后慢的效果，就需要在通过进度获取属性值时，使用贝塞尔曲线进行从进度到属性值的映射。Android SDK 里提供了 **PathInterpolator** 来实现，JSON 文件里使用两个控制点描述贝塞尔曲线，将这两个控制点的坐标传给 PathInterpolator，当获取属性值时，调用插值器的 getInterpolation 就可以得到映射后的值了。以下是关键方法实现代码。

```
interpolator = PathInterpolatorCompat.create(cp1.x, cp1.y, cp2.x, cp2.y);
public static Interpolator create(float controlX1, float controlY1,float
controlX2, float controlY2) {
if(Build.VERSION.SDK_INT >= 21) {
return new PathInterpolator(controlX1, controlY1, controlX2, controlY2);
}
return new PathInterpolatorApi14(controlX1, controlY1, controlX2,
controlY2);
}
public PathInterpolator(float controlX1, float controlY1, float controlX2,
float controlY2) {
    initCubic(controlX1, controlY1, controlX2, controlY2);
}
private void initCubic(float x1, float y1, float x2, float y2) {
Path path = newPath();
    path.moveTo(0 ,0);
    path.cubicTo(x1, y1, x2, y2, 1f, 1f);
    initPath(path);
}
//Andorid内置贝塞尔曲线生成关键方法
```

4. Flutter 贝塞尔曲线

Flutter 没有提供现成的路径插值器，只能根据源码自行实现。查看 Android 相关源码之后，发现只需要将 JSON 文件里的两个控制点的坐标传入 Flutter path 中的 cubicTo 方法，就可以生成该贝塞尔曲线；然后再自行实现一个入参为时间 t、结果为映射后进度 p 的方法即可，而具体的实现参考 PathInterpolator 中的 getInterpolation。以下是关键方法实现代码。

```
interpolator = PathInterpolator.cubic(cp1.dx, cp1.dy, cp2.dx, cp2.dy);
factory PathInterpolator.cubic( double controlX1, double controlY1,
double controlX2, double controlY2) {
return PathInterpolator(_initCubic(controlX1, controlY1, controlX2,
controlY2));
}
static Path _initCubic(double controlX1, double controlY1, double
controlX2, double controlY2) {
    final path = Path();
    path.moveTo(0.0, 0.0);
    path.cubicTo(controlX1, controlY1, controlX2, controlY2, 1.0, 1.0);
    return path;
}
//自定义Flutter贝塞尔曲线生成关键方法
```

5.4.5　效果对比

下面是 fish-lottie 实现的一个闭环 Demo 工程，选取 lottie-android 工程里的 Lottie JSON 文件进行测试，和 lotttie-android 进行对比，无论是流畅度，还是动画还原度，都达到了官方示例 App 的水准。

如图 5-18 所示，不难看出，fish-lottie 无论是渲染还是播放，都可以和 lottie-android 媲美。

从图 5-19 可以看出，fish-lottie 在动态的属性和文本实时渲染方面也可以提供不输于 lottie-android 的效果。而且因为文本绘制实现方案与原方案生有一定的差异，可以更好地将字体样式接口暴露出来，让开发者不仅能对文本进行定制，也可以在样式方面实时动态定制，这是目前 lottie-android 没有提供的功能。

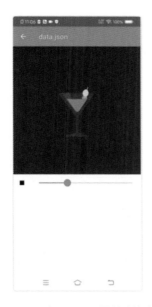

(a) fish-lottie 在 Flutter 页面播放的动画　　(b) lottie-android 在 Native 页面播放的动画

图 5-18　fish-lottie 和 lottie-android 相同动画播放对比

(a) fish-lottie 的动态文本动画　　(b) lottie-android 的动态文本动画

图 5-19　fish-lottie 和 lottie-android 相同动态文本动画播放对比

163

5.4.6 最佳实践

在闲鱼客户端中，fish-lottie 1.0.0 已经在一些二级页面进行了落地，例如闲鱼视频详情页的点赞动画效果，稳定性得到了充分的验证，功能性也得到了设计师的一致好评。经过几个小版本的打磨，又增加了例如动态属性、动态文本和动态图片资源替换的功能，修复了一个因为 Flutter 侧和 Android 侧图片绘制 API 差异造成的图片绘制模糊的问题。在闲鱼 2020 体验升级项目中，在多个核心高频场景进行了落地，极大地降低了开发成本和设计成本。具体实践场景和效果参见第 4 章。

5.4.7 进阶用法和可编程能力

当前的使用场景都仅仅是一段动画的静态播放。例如，在点赞之后会出现大拇指的动画，收藏之后会出现心形的动画，最多通过进度控制一些整个动画的播放。但是在实现整个框架的过程中，其实 lottie-android 已经具备一些动态编程的能力，使用方法如下。

```
val shirt = KeyPath("Shirt", "Group 5", "Fill 1")
animationView.addValueCallback(shirt, LottieProperty.COLOR) { Colors.XXX }
//需定制的颜色
```

以上代码可以实现把 Lottie 动画中的指定路径的色块替换成自定义的颜色。

1. lottie-android 实现方案

从以上代码可以看出，要想实现动态属性控制，需要传入三个参数，第一个参数类似于一个定位符，需要通过路径的形式定位到想控制属性的矢量图形；第二个参数是一个属性枚举变量，它表明了控制的属性类型；第三个参数是一个回调函数，需要返回动态改变的目标值。

2. fish-lottie 实现方案

因为上层组件的双端实现的差异性和 UI 构建特性，Flutter 中一般不会获取 Widget 的引用来调用它的方法。所以不能像 lottie-android 一样直接使用 lottieAnimationView.addValueCallback() 控制动态属性，在实现动画的进度控制时，其实也遇到过一样的问题。所以，其实现思路其实和 AnimationCtroller 一样，也实现一个 PropertiesController（属性控制器），先把需要修改的一系列的目标图形、目标属性和回调函数传递给控制器，再把控制器作为 LottieAnimationView 构造函数的一个参数传递给 LottieDrawable；然后由属性控制器发起目标图形绘制类的匹配和回调函数设置。底层的绘制类和帧动画类中的方法和 lottie-android 保持一致。基本的思路和

lottie-android 保持一致，只是 LottieAnimationView 不再承担属性控制的责任，而是由 PropertiesController 承担。

5.5 总结

本章从应用开发的实际场景出发，介绍了四种高级 UI 及动画效果的解决方案，能很好地解决 Flutter 中的几个痛点：

- 解决 Flutter UI 的动态布局弱的问题，让产品的动态运营能力得到极大的加强；
- 提供比 Flutter 原生功能更加丰富的流式布局方案，有更强的可定制性和丰富的特性；
- 通过剖析 Flutter 的动画原理，给转场动画的优化工作提供更好的解决方案；
- 为解决动画配置烦琐的问题，解决设计师及程序员人力难点，提出了 Flutter 版本动画配置方案 Lottie。

基于 Flutter 灵活的布局及渲染架构，虽然能复用多种高阶的 UI 及动画，但如果不根据特定场景深度优化，那么其相对于原生的性能依然有差距，这也是 Flutter 以及基于 Flutter 开发方案继续优化的方向。

第 6 章
前沿探索与行业案例

本章邀约了阿里巴巴集团内部其他团队在 Flutter 有深度应用的团队，对其在当前场景下遇到的问题和技术探索进行了总结。首先介绍 ICBU 团队在 PC 端对 Flutter 的应用尝试；然后介绍 UC 团队在 Flutter 引擎方面的深度定制探索，以及围绕 Flutter 的相关性能优化策略；最后通过两个业务场景（ICBU 与淘宝特价版）的实践案例，介绍 Flutter 在企业生产中遇到的问题和解决方案。通过以上内容，用不同的视角帮助读者了解 Flutter 在应用过程中会遇到的问题与挑战。

6.1　Flutter For Windows 探索

Flutter 在移动端飞速发展，越来越多的团队选择 Flutter 作为跨平台 UI 框架。事实上，Flutter 不仅能跨 iOS、Andriod，同时支持 Web、嵌入式，以及 Windows、Mac 和 Linux 三大桌面平台。ICBU 同时有 iOS、Andriod 和 Windows 三端，未来还会新增 Mac 端，打通各端技术栈、复用代码是 ICBU 的重要命题。基于此，ICBU 对 Flutter For Windows 进行了全面的探索。本章首先从 Windows UI 框架发展史的角度介绍各种 UI 框架的特点，并且从技术选型的视角将选择 Flutter 的思考过程呈现出来，然后介绍 Flutter For Windows 的技术预研，最后进行总结。

6.1.1　Windows UI 框架发展史

从 1985 年诞生的 Windows 1.0 API 开始，Windows UI 框架已经发展了 30 多年。从基于原生的窗口控件，到自绘的 Windowsless 控件；从 C 语言，到 C++、C#，再到 JS、HTML 和 CSS，直到目前最新的 Flutter 使用的 Dart；有微软官方推出的，也有第三方个人、公司推出的，如图 6-1 所示。各种框架百花齐放，但直到目前都没有一个框架能一统天下。

图 6-1　Windows UI 框架发展历史

1. MFC

微软基础类库（Microsoft Foundation Classes，MFC）是微软公司提供的一个类库（class libraries），以 C++ 类的形式封装了 Windows API，并且包含一个应用程序框架，以减少应用程序开发人员的工作量。其中，包含大量 Windows 句柄封装类和很多的 Windows 的内建控件和组件的封装类。简单地说，它只是 Windows API 的 C++ 封装，方便 C++ 开发者使用，与 Windows API 相比，并没有实质性的改变。

2. WinForm 和 WPF

WinForm 是 .Net Framework 内置的 UI 框架，只能在 Windows 平台使用。得益于 C# 完善的类库，在当时来说是低门槛、高效开发 Windows UI 的不错选择，当时很多外包软件公司使用此技术做外包项目。但 WinForm 与 MFC 一样，没有脱离 Windows 原生控件体系，开发者不能随心所欲地定制 UI，WinForm 没有在互联网公司中流行起来。

WPF 是伴随 Windows Vista 推出的，是 .Net Framework UI 框架的一次升级，作为 .NET Framework 3.0 的一部分，当时是整个大前端领域中最先进的 UI 框架。它脱离了 Windows 原生控件体系，获得了更大的自由度。WPF 基于 DX 渲染，充分利用 GPU 硬件加速能力，落地了伟大的理念——数据驱动 UI。WPF 是 2006 年提出的技术，在时间上，比前端的 React（2013 年开源）提前多年。WPF 的技术理念非常先进，开发过程也非常友好，可以做出极为绚丽的界面，但是开发出来的应用体积较大，运行效率比较低，占用内存大。WPF 部分替代了 WinForm，但在互联网公司中没有流行起来。

3. Duilib

由于微软始终没能推出一款各方面都出色的客户端 UI 开发框架，所以各种第三方 UI 框架大行其道。中国互联网公司大多使用自己维护的一套 UI 库，这些 UI 库有的完全自研，有的基于第三方开源库改造，其中 Duilib 是非常受欢迎的轻量级的开源 UI 库。轻量、自绘和高性能是 Duilib 的优势。但 Duilib 完善度不高，技术上不够先进、不跨平台、研发资源投入不足，导致它发展缓慢。

4. QT

QT 是跨平台 C++ 图形用户界面应用程序开发框架。作为历史悠久的 UI 库，QT 凭借跨平台、高性能两大优势，在桌面客户端领域占有一席之地。虽然 QT 在中国互联网公司的使用率不高，但它在很多行业的企业中具有强大的竞争力，比如大华、海康等视频监控企业就在大量使用。作为跨平台 UI 框架，QT 没能在移动端占据一席之地是非常遗憾的。QT 主流的开发语言是 C++，但 C++ 本身并不适合写业务代码，它的缺点是学习成本高、开发效率低和维护成本高。

QT 是 PC 互联网时代出色的自绘、跨平台 UI 框架，技术的发展有时是一个轮回，目前火热的 Flutter 可以认为是自绘、跨平台 UI 框架在移动互联网时代的重生。

5. Electron

Electron 基于 Chromium 和 Node.js，使用 JavaScript、HTML 和 CSS 构建跨平台的

桌面应用。Electron 是 Web 技术栈在桌面端的落地方案，利用 Node.js 获得内置的端能力：创建本地文件及数据库、发送网络请求等，甚至可以利用 Node.js 的 addon 获得自定义的端能力。它的优点主要是 Web 带来的：繁荣的生态、开发高效、渲染能力强、动态更新和跨平台，缺点主要是内存占用大、运行性能差，同时因为框架的限制导致不够灵活，在某些场景下无法很好地满足需求。

目前来看，Electron 在桌面端势不可挡，占有率越来越高，和其他候选方案相比，它是一个不尽如人意的选题。

6. Flutter For Windows

经过多年的竞争，QT、Electron 凭借各自的优势成为使用率最高的两种 Windows UI 框架。展望未来，除了 QT、Electron，还有没有其他选择？基于技术发展史以及目前桌面端、移动端和前端的现状，比较容易得出一个结论：Windows UI 框架向前端、移动端靠拢是符合技术发展潮流的。在整个大前端，前端和移动端拥有人数最多的开发群体及最繁荣的生态，Electron 是桌面端向前端靠拢非常成功的方案，除此之外，桌面端向移动端靠拢有理想的方案吗？

"Flutter is Google's UI toolkit for building beautiful, natively compiled applications for mobile, web, and desktop from a single codebase."

从目前掌握的信息看，Flutter 是桌面端向移动端靠拢的理想方案。相比 Electron，Flutter 的优点是支持更多的平台、性能好，缺点是当前生态相对较差、不支持动态更新。总体来说，Flutter 凭借自身的优势，在桌面端有较大的生存空间。目前，Flutter 正在快速发展，越来越多的移动端团队开始使用 Flutter 进行开发。Flutter For Windows 目前还处在 Arpha 阶段，但发展非常快，预计 2021 年会发布第一个 Stable 版本。

6.1.2 技术选型的思考

上面讲述了 Windows UI 框架发展史，各种框架百花齐放，其中 QT、Electron 是目前最主流的两种方案，Flutter 是非常有发展前景的后起之秀，我们为什么会选择 Flutter？这个问题等同于"如何进行技术方案的选型 + Flutter 与 QT、Electron 的对比"。有时可供选择的技术方案很多，面对多种复杂的、各有优缺点的技术方案，如何体系化地思考，从而科学地选择出适合团队的技术方案，不是一件容易的事。技术方案选型的主要依据是对技术诉求的满足程度。技术方案的能力表现如何，能否很好地满足团队的技术诉求，是要重点考虑的。下面展开说明这两点，回答为什么选择 Flutter。

1. 对技术诉求的满足程度

如何才能体系化地思考团队的技术诉求呢？可以从技术规划的三个层次出发，推导出与技术方案相关的所有技术诉求。

（1）问题解决。可以从团队当前遇到的问题出发，思考可以做哪些技术建设，去解决这些问题。ICBU 面临的一个很大的问题是技术人员的数量相对承接的业务来说严重紧缺。在有限的人力资源下，如何保质保量地满足所有业务需求，是团队的一大挑战。优秀的跨平台技术，可以极大地减少人力需求。还有一个问题是用户的硬件能力参差不齐，还有相当部分用户的硬件能力比较差，所以技术方案的性能表现是闲鱼非常重视的。

（2）技术领域。每个技术方向都会有自己领域的一些技术命题和技术趋势。技术在不断发展，我们需要了解技术发展的趋势是怎样的。了解技术发展的趋势，结合团队及业务情况，有选择地跟随。跟随是手段，目的是充分利用新技术，更快更好地支撑业务，提升业务效果。比如对于移动端来说，跨平台、动态化是非常典型的技术趋势。动态化技术能快速地修复线上问题，很好地满足运营活动等需要及时上线生效的场景，这对保持良好的用户体验、支撑运营等需求至关重要。

（3）业务趋势。技术是为业务服务的，必须提前为业务未来的发展做好技术上的准备。首先，需要知道业务未来会发展成什么样，这样才能有的放矢。其次，要根据未来的业务情况，思考技术上的整体解决方案，最后，思考整体解决方案中包含了哪些当前未实现的技术建设。ICBU 同时有 Andriod、iOS 和 Windows，未来还会有 Mac，在"沟通"业务领域，未来会有越来越多的业务在四个端同步发展。从节约人力资源的角度来看，四个端的代码应尽可能共用。目前，ICBU 的 Andriod、iOS 端已经在深度地使用 Flutter，如果桌面端也往 Flutter 方向发展，就提供了在移动端和桌面端之间实现代码共用的可能。

总的来说，高性能、跨平台和动态化是最核心的诉求。

2. 选择

没有完美的方案，只有最适合的方案。QT 满足了高性能、Windows 和 Mac 之间的跨平台需求，但没有满足四端跨平台、动态化需求。Electron 满足了 Windows 和 Mac 之间的跨平台需求，但没有满足四端跨平台、高性能需求。Flutter 满足了高性能、四端跨平台需求，但没有满足动态化需求。一方面，目前 ICBU 的 Windows 客户端使用了 CEF，它可以作为动态化需求的补充方案；另一方面，Flutter 本身已经有 DX 动态模板方案，可以满足部分动态化需求。综合判断，引入 Flutter，采用

CEF+Flutter 的组合方案对 ICBU 来说是最合适的选择，如表 6-1 所示。

表 6-1 平台对比

	MFC	WPF	QT	Duilib	Electron	Flutter
支持平台	Windows	Windows	iOS、Android、Windows、Mac、Linux、Embedded	Windows	Windows、Mac、Linux	Fuchsia、iOS、Android、Windows、Mac、Linux、Embedded、Web
性能	好	中	好	好	差	好
渲染能力	差	中	中	中下	好	中
开发效率	差	中上	中	差	好	好
生态	差	中下	中	差	好	差
动态更新	差	差	差	差	好	差
兼容性			2016 年 6 月 5.7 版本开始不支持 XP		不支持 XP	不支持 XP

6.1.3 Flutter For Windows 技术预研

1. 基本情况

（1）Roadmap。2020 年底处于 Arpha 阶段，预计 2021 年会发布第一个稳定版本。

（2）包大小。Flutter For Windows Release 版 SDK 压缩后的大小为 7MB。对于一般的 Windows 应用程序，其大小是完全可以接受的，远小于 QT 和 Electron。

（3）能力。渲染能力与 Flutter For Andriod、iOS 基本相同，内置组件丰富，支持丰富的动画，支持多语言和 RTL，支持高分屏，支持桌面应用软件需要的鼠标及键盘交互。

2. 核心问题

（1）成熟度不够。什么时候进入 Beta、Stable 阶段存在不确定性，可以在 GitHub 上查看 Flutter SDK 的进展。

（2）不支持 32 位操作系统。Flutter SDK 只有 64 位版本，没有 32 位版本，所以只能运行在 64 位操作系统上。目前，依然有不少计算机使用 32 位操作系统，支持

32 位操作系统需要做的工作可以在 GitHub 查看。

（3）显卡兼容性。Flutter SDK 对显卡能力有一定要求。目前，依然有不少计算机没有安装显卡驱动或者显卡能力很差，2020 年底，闲鱼产品有超过 4% 的用户存在显卡兼容问题，Flutter SDK 在启动时会因为显卡兼容性问题发生崩溃，显卡兼容性问题的相关工作也可以在 GitHub 上查看。

（4）多窗口问题。一个进程里面最多只会初始化一个 Dart VM，但可以有多个 Flutter 引擎实例并共享同一个 Dart VM。在 Windows 系统中，一个窗口对应一个 Flutter 引擎实例，多个窗口就需要多个 Flutter 引擎实例。3.1.1 节中提到，多引擎实例会带来资源开销和环境隔离两个问题，它们同样存在于 Windows 多窗口场景中。

3. 业界现状

截至 2020 年底，已经有少数创业公司正式商用 Flutter For Windows，阿里巴巴、字节跳动等大公司内部的一些团队正在做技术预研、技术储备，甚至有少数团队已经在实际业务中落地并正式上线。

4. 开发经验总结

（1）搭建开发环境。Flutter For Windows 使用的 IDE 是 Android Studio。目前，Flutter For Windows 的相关实现代码只存在于 master、dev 分支，dev 相对稳定，建议使用 dev 分支的实现，需要进行如下设置：

```
$ flutter channel dev
$ flutter upgrade
$ flutter config --enable-windows-desktop # on Windows
```

可以使用 flutter devices 命令检测当前是否可以开发 Flutter For Windows，如果输出中包含 Windows (desktop)，则表示已准备就绪。

（2）创建 Flutter 工程。可以使用 flutter create 命令创建工程，如下创建了一个 win_desktop_demo 工程：

```
flutter create win_desktop_demo(工程名称)
```

可以使用 flutter run 命令编译并启动 flutter for windows 程序。可以在 lib 文件夹的 main.dart 中，通过 Dart 语言编写界面或者业务逻辑。

（3）Flutter 与 Native 协作。Flutter 既是一个跨平台 UI 框架，又是一种容器，当需要使用的能力超出容器提供的范围时，就需要开发 Native 模块作为容器的补充，其中最主要的方式是使用 plugin。

创建 plugin。如下创建了一个名为 plugin_demo 的 plugin。

```
flutter create -t plugin --platforms=windows plugin_demo
```

lib 文件夹下有一个 plugin_demo.dart 文件,会创建名为 plugin_demo 的 Method Channel,用于和 Native 交互,这里使用了 Native 提供的 getPlatformVersion 方法:

```dart
import 'dart:async';
import 'package:flutter/services.dart';

class PluginDemo {
 static const MethodChannel _channel =
    const MethodChannel('plugin_demo');

 static Future<String> getPlatformVersion async {
   final String version = await _channel.invokeMethod('getPlatformVersion');
   return version;
 }
}
```

在 windows 文件夹下有一个 plugin_demo_plugin.cpp 文件,创建了 plugin_demo MethodChannel,与 Dart 进行交互,并且默认提供了一个 getPlatformVersion 方法。相关代码如下:

```cpp
namespace {
...
// static
void PluginDemoPlugin::RegisterWithRegistrar(
   flutter::PluginRegistrarWindows *registrar) {
 auto channel =
     std::make_unique<flutter::MethodChannel<flutter::EncodableValue>>(
         registrar->messenger(), "plugin_demo",
         &flutter::StandardMethodCodec::GetInstance());

 auto plugin = std::make_unique<PluginDemoPlugin>();
```

```cpp
  channel->SetMethodCallHandler(
      [plugin_pointer = plugin.get()](const auto &call, auto result) {
        plugin_pointer->HandleMethodCall(call, std::move(result));
      });

  registrar->AddPlugin(std::move(plugin));
}

PluginDemoPlugin::PluginDemoPlugin() {}

PluginDemoPlugin::~PluginDemoPlugin() {}

void PluginDemoPlugin::HandleMethodCall(
    const flutter::MethodCall<flutter::EncodableValue> &method_call,
    std::unique_ptr<flutter::MethodResult<flutter::EncodableValue>> result) {
  if (method_call.method_name().compare("getPlatformVersion") == 0) {
    std::ostringstream version_stream;
    version_stream << «Windows «;
    if (IsWindows10OrGreater()) {
      version_stream << «10+»;
    } else if (IsWindows8OrGreater()) {
      version_stream << «8»;
    } else if (IsWindows7OrGreater()) {
      version_stream << «7»;
    }
    result->Success(flutter::EncodableValue(version_stream.str()));
  } else {
    result->NotImplemented();
  }
}
}  // namespace
...
```

使用 plugin。在 pubspec.yaml 中添加 plugin 的路径。在 main.dart 中导入自定义的 plugin，并使用提供的方法，这样就能获取到当前 Windows 系统的版本。

Native 调用 Dart。MethodChannel 是双向的，Native 可以通过 MethodChannel 调用 Dart。在 Dart 中，使用 MethodChannel 的 setMethodCallHandler 方法监听 Native 调用 Dart，call.method 和 call.arguments 可以分别获取 Native 调用的方法和参数。

```
static void initMethodCallHandler() {
  _channel.setMethodCallHandler((call) => print(call));
}
```

通过 plugin_demo 相关代码中的 RegisterWithRegistrar 方法获取到的 MethodChannel，使用 MethodChannel 的 InvokeMethod 方法可以调用 dart 中的方法。

```
void InvokeMethod(const std::string& method,    //方法名
                  std::unique_ptr<T> arguments, //参数
                  std::unique_ptr<MethodResult<T>> result = nullptr)
//结果回调
```

dart::ffi。Flutter 与 Native 协作最主要的方式是使用 plugin，plugin 基于 methodchannel 实现了 Dart 与 Native 双向通信。除此以外，还有一种通信方式是使用 dart::ffi。

① Dart 调用 Native。在头文件和 .c 文件中添加如下内容。编译后生成的文件为 demo.dll。

```
//------------------- .h -----------------------------
__declspec(dllexport) char* getPlatformVersion();
__declspec(dllexport) int sum(int a, int b);


//------------------- .c -----------------------------
char* getPlatformVersion()
{
  //这里为了说明，直接返回字符串
    return "windows10+";
}


int sum(int a, int b)
{
```

```
    return (a + b);
}
```

Dart 使用步骤如下：分别为 C 语言中的函数和 Dart 中使用的函数进行声明；加载动态库；通过动态库中的函数名称定位到具体的函数入口，并转换 Dart 中使用的函数；使用函数。

```
//0 - 依赖配置中需要新增
dependencies:
  ...
  ffi: ^0.1.3


//1 - 导入
import 'dart:ffi' as ffi;
import 'package:ffi/ffi.dart';


//2 - C中的函数定义与Dart中使用的函数声明
typedef get_platform_version = ffi.Pointer<Utf8> Function();
typedef sum_func = ffi.Int32 Function(ffi.Int32 a, ffi.Int32 b);
typedef Sum = int Function(int a, int b);

void main() {
 ...
 var path = r'library\demo.dll';
 //3 - 加载动态库
 final dylib = ffi.DynamicLibrary.open(path);
 //4 - 定位到具体函数的入口，并转换为Dart中使用的函数
 final sum = dylib.lookup<ffi.NativeFunction<sum_func>>('sum').
asFunction<Sum>();
 //5 - 使用函数
 final getPlatformVersion = dylib.lookup<ffi.NativeFunction<get_platform_
version>>('getPlatformVersion').asFunction<get_platform_version>();
 final platformVersion = Utf8.fromUtf8(getPlatformVersion());
 print("platform version: $platformVersion");
```

```
...
}
```

② Native 调用 Dart。通过回调的方式使用 Dart 中的方法，需要先在 Native 中实现一个方法来注册 Dart 中的回调函数。

```
typedef set_callback_function = ffi.Void Function(ffi.Int32);
typedef SetCallBackFunction = void Function(int);
typedef callBackFunction = ffi.Void Function(ffi.Pointer, ffi.Int32);

void callBack(ffi.Pointer msg, int num) {
 print('native call dart');
 print(Utf8.fromUtf8(msg.cast()));
 print(num);
}

void main {
final setCallBackFuntion = dylib.lookup<ffi.NativeFunction<set_callback_
function>>('setCallBack').asFunction<SetCallBackFunction>();
 int address = ffi.Pointer.fromFunction<callBackFunction>(callBack).
address;
 setCallBackFuntion(address);
}
```

6.1.4　小结

"你能看到多远的过去，就能看到多远的未来。"ICBU 对 Windows UI 框架发展史做了全面的总结，同时基于技术选型方面的思考，选择了 Flutter。ICBU 做了 Flutter 相关技术预研并上线了部分 Flutter 开发的业务页面，总体来看，Flutter 是非常出色的 UI 框架。希望本节可以给 Windows 客户端研发人员在面向未来的 UI 框架选型上提供参考，同时能对 Flutter For Windows 有基本的了解。

6.2　Flutter 引擎定制与优化

Flutter 引擎虽然看起来非常美好，但也存在各种问题。这里说的问题，主要是随着逐渐深度使用遇到的问题：有的是由于 Flutter 引擎自身缺陷，导致无法满足业务的需要；有的是由于 Flutter 引擎性能不足，导致无法提供业务所需的体验，这些问题需要从引擎层面进行改造和优化。于是，UC 内核技术团队投身到 Flutter 的浪潮当中，希望能通过技术和经验对其进行定制与优化，从而给业务人员带来更好的体验。为了便于交流和区分，UC 的 Flutter 定制引擎以 Hummer（蜂鸟）为代号。UC 希望定制的 Flutter 引擎可以像蜂鸟一样小巧迅捷，同时业务人员可以很容易地开发出漂亮的应用，如同蜂鸟一样。

首先，本章简要介绍 UC 在 Hummer 引擎上实现的功能和优化。其次，介绍 UC 是如何与业务配合，通过对引擎内部进行优化进而大幅度提高业务性能的。详细介绍关键路径耗时优化、重要的内存优化以及编译器级别的优化。再次，介绍 UC 是如何设计新的定制化方案，大幅度提高业务效果的。详细介绍暗夜模式（DarkMode）方案与混合栈方案的实现及效果。最后，介绍一种基于 Hummer 引擎实现的高效的内存泄露检测工具及使用效果。

6.2.1 Hummer 整体架构总览

Hummer 引擎整体架构如图 6-2 所示，图中浅色为原生模块，深色为 Hummer 引擎优化模块和新增模块。

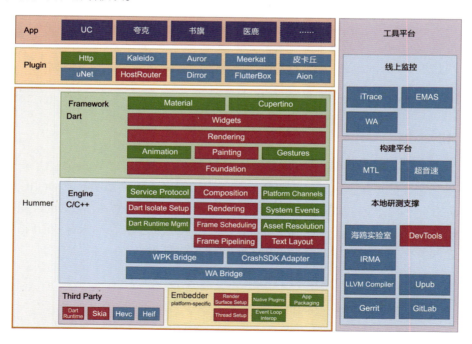

图 6-2 Hummer 引擎整体架构

因此，当谈到 Hummer 引擎定制与优化时，指的是：

- Hummer 引擎包含了官方的 Engine 仓库和 Framework 仓库，以及其他第三方模块；
- 除了引擎本身的优化，UC 也在与其他团队共建周边生态，包括第三方插件及各种工具平台，目的是让引擎更好用。

目前，阿里巴巴集团已经有多个应用与业务接入了 Hummer 引擎，引擎优化的效果在实际业务中得到了验证。

1. 性能优化简介

（1）衡量性能的四个维度。当谈到一个应用的性能时，考虑的是用户在使用应用时的直观感受。因此，一个应用性能的优劣，主要从应用的启动时间、首屏时间、交互时间和动画时间四个维度进行衡量。这四个维度的时间详细描述如下：

- 启动时间。用户从点击应用图标开始，到应用启动后首次可交互的时间；
- 首屏时间。用户从打开新页面到首次可交互的时间；
- 交互时间。用户执行一次操作后得到应用反馈的时间；
- 动画时间。滑动应用时，是否流畅不卡顿，是否有长时间白屏无内容，是否有画面跳动。

（2）实现手段。以上四个维度的时间可以通过检测工具或打印日志的方式进行衡量。Hummer 引擎的性能优化工作主要是围绕四个维度进行的，其核心目标是减少关键路径的执行时间。实现这个目标的手段包括：

- 减少关键路径之间的依赖，尽可能让几个关键路径并行执行；
- 非关键路径的执行后移；
- 用户可视的区域提前排版布局；
- 降低内存峰值占用，降低 CPU 峰值占用。

（3）Hummer 引擎性能优化内容。UC 目前已经实现的几个重要的优化包括：

- 启动优化。引擎的启动耗时由优化前的约 250ms 减少到优化后的约 50ms；
- 首帧优化。引擎的首帧耗时由优化前的约 600ms 减少到优化后的约 240ms；
- 图片内存优化。引擎在显示多图页面时，内存由优化前的约 100MB 减少到优化后的约 60MB。

除了以上的优化，Hummer 还对 Dart 编译器进行优化改造，进而提升代码运行性能。

2. 功能增强简介

在 Flutter 引擎的实际应用中，开发者常常会有这种诉求：对于在使用其他渲染引擎或平台开发应用时使用体验好的功能或组件，或是 Flutter 引擎中没有这个功能，或是 Flutter 引擎目前的功能无法与其他渲染引擎或平台对等。UC 会收集并评估此类需求，根据实际情况对功能进行优化或增强。

目前已经实现的几个重要的 Hummer 引擎功能增强包括：

（1）混合渲染优化。目前 Flutter 引擎已经支持混合渲染功能，也就是常说的 PlatformView 模式，但还存在性能体验上的缺陷。Hummer 引擎使用新的方案重新实现了混合渲染功能，在测试场景下，FlutterView 帧率最高有 28% 的优化，嵌入的 PlatformView 帧率最高有 50% 的优化。

（2）自适应暗夜模式（DarkMode）方案。从 AndroidQ 和 iOS13 开始，手机操作系统开始支持 DarkMode，该功能可以保护眼睛，还能提高手机续航能力（特别是对 OLED 屏幕）。Flutter 引擎在 MaterialApp 中提供了 DarkMode 实现框架。目前，该框架存在的问题是 MaterialApp 提供的颜色控制粒度有限，只能对 Material Widget 进行颜色控制，因此需要开发者自己实现更细粒度的主题管理器。UC 在 Hummer 引擎上进行深度的定制，提供了一种自适应的 DarkMode 切换方案，开发者只要使用新增加的 DarkMode Widget，通过控制 enabled 属性，就可以在 DarkMode 和普通主题之间自由切换。

（3）网络库增强方案。开发者如果在切换到 Flutter 引擎开发前就有网络库的积累，或是需要一个能力更完备的网络库（包括磁盘缓存、连接管理和协议升级等）替换 Flutter 引擎现有的网络库等，就需要 Flutter 引擎提供一个替换网络库的方案。UC 在 Hummer 引擎上进行深度的定制，提供一个以插件方式接入、业务对切换网络库无感知、可复用 HttpCache 模块的替换网络库方案。开发者使用时无须修改引擎即可实现新的网络库的接入。

3. 配套工具简介

前面提到，Flutter 引擎的性能可以通过检测工具或打印日志的方式进行衡量。实际上，打印日志通常用于 Flutter 引擎的开发，而对于基于 Flutter 引擎的应用开发者来说，好的配套检测工具可以帮助业务人员及时地发现问题和定位问题。

Hummer 引擎配套工具 Dart DevTools 新增了几个重要的功能，包括：

- 资源面板。实时显示资源分配的内存，预览 SVG 图片和获取光栅化损耗的功能；

- 内存分析面板。内存细化分组曲线及内存泄露分析。本章最后介绍的内存泄露检测工具基于 Hummer 引擎提供的内存泄露分析能力实现。

4. 问题解决简介

在对 Flutter 引擎进行定制和优化的过程中，我们会将修复的问题及优化提交到 Flutter 官方主线，希望以这种方式促进整个 Flutter 生态的发展，让 Flutter 变得更好用，同时也希望借此机会提升中国在大型开源项目中的影响力。

UC Hummer 引擎团队提交官方 PR 列表如表 6-2 所示。

表 6-2 UC Hummer 引擎团队提交官方 PR 列表

ID	描述	状态
2380	fix the pause logic of _pollMemory (#2379)	Merged
164300	Add FRE for redundancy_elimination pass	Open
21204	Fix PlatformViewIOS::UpdateSemantics null pointer crash problem	Open
162191	[vm/arm64] Refactor leaf runtime call sequence	Merged
20899	Member variables should appear before the |WeakPtrFactory|	Merged
20916	Ensure the destructor is called since it destroys the `EGLSurface` before creating a new onscreen surface	Merged
63652	增加调试开关 debugProfileLayoutsEnabled	Merged
20142	异步创建 RootIsolate	Merged
20106	修复 WeakPtr 的有效性判断的使用	Merged
19936	surface 创建后的线程间任务时序优化	Open
19641	异步 Shell Setup	Closed
153641	改上一个提交的问题	Merged
153580	改良 64 位反汇编器对 load 的解析，增加对 sign extend 支持	Merged
148602	32 位活动值分析算法没有考虑 64 位整数的情况	Merged
151680	改善 InstantiateTypeArgumentsInstr 的代码生成质量	Merged
18815	修复 attach JVM 的线程名	Merged
18814	Poor video scaling quality	Merged
59966	Added a filterQuality parameter to texture	Merged
18808	image.asset 加载大图片会阻塞 UI 线程	Closed
18676	修复测试案例 BM_ShellShutdown	Merged

（续表）

ID	描述	状态
18225	启动优化默认字体管理器初始化	Merged
18052	修复 flutter run --trace-systrace 参数不生效的问题	Merged
18027	修复 Dart 初始化前的 timeline events 丢失	Closed

6.2.2　Hummer 引擎性能优化

本节将详细介绍在 Hummer 引擎中实现的启动耗时优化、首帧耗时优化、内存优化及 LLVM 编译器优化。

1. 启动耗时优化

在 Hummer 引擎中实现的启动耗时优化主要从三个方面对引擎内部的启动流程进行优化，分别是：优化 UI 线程的引擎耗时、默认字体管理器初始化优化和 DartVM 虚拟机预热。优化后的引擎在 PixelXL 上使用实际应用进行测试，Flutter 引擎启动耗时约 250ms，而 Hummer 引擎的启动耗时可以优化到约 50ms，提升到 5 倍。

（1）优化 UI 线程的引擎耗时。Flutter 引擎的四大线程设计如图 6-3 所示。Platform 线程对应平台的主线程；Dart 业务逻辑运行在 UI 线程；Raster 线程负责光栅化处理；耗时的操作则运行在 I/O 线程上。在引擎内部，这几个线程各自运行着相应的对象及其处理逻辑。Flutter 使用一个 Shell 对象封装这些线程组件，对上层 embedder 来说，Shell 代表了一个与平台无关的完整的引擎能力。这些组件在设计上是非线程安全的，只能在各自的线程上运行。因此在创建 Shell 时，也必然只能在对应的线程上创建这些组件。当初始化时，Shell 运行在 Platform 线程上。Flutter 官方出于原子性的考虑，需要创建的 Shell 返回一个完整的引擎，因此使用同步的方式执行，即阻塞主线程，在所有组件完成创建后解除阻塞。

目前存在的问题是创建 UI 线程的引擎是一个耗时的操作，它要读取重建 root isolate 的快照，还要调用耗时的 Skia 默认字体管理器初始化操作。对此，UC 的优化方案是 Shell 的创建仍沿用原有的同步等待方式，优化 UI 线程的引擎耗时。既然引擎耗时主要是因为创建 root isolate 和默认字体管理器初始化耗时过长，则优化方案是将这两个逻辑从引擎构造中剥离出来，达到优化 UI 线程耗时的目的。优化后创建 Shell 的同步等待耗时就降低到一个可接受的范围。

目前，该优化方案已经通过 PR[1] 回馈了社区，合入主线及 1.20 版本。

---

[1] ID 19641 Make `Shell::Create` not blocking platform thread by asynchronously setup shell subsystems.

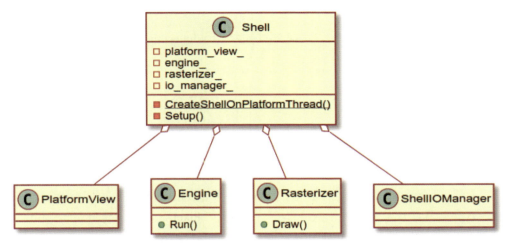

图 6-3　Flutter 引擎的四个线程

（2）默认字体管理器初始化优化。前面提到默认字体管理器初始化是一个耗时操作。默认字体管理器是 Skia 持有的单例，如果没有提供其他字体管理器，Flutter 引擎则将它作为基础字体渲染。显然，默认字体管理器需要引擎在开始运行业务逻辑前完成初始化。作为一个全局单例，当首次调用时，耗时出现在创建流程中，当再次调用时，则直接返回引用，没有耗时。

Hummer 引擎采用的优化方案是，首先，将默认字体管理器从引擎对象的创建流程中剥离；其次，引擎对象创建后立刻发起设置默认字体管理器的任务，保证在运行业务逻辑前设置完成默认字体管理器；最后，完成创建所有组件后调用 Shell::Setup() 进行组装。

目前，该优化点通过 PR[①] 回馈了社区，已经合入主线及 1.20 版本。

（3）DartVM 虚拟机预热。在引擎的启动流程中，DartVM 虚拟机也十分重要。首次启动 Flutter 引擎会同时创建 DartVM。在设计上，一个进程只会运行一个 DartVM。当销毁 Flutter 引擎时，除非特别指明，否则 DartVM 会常驻内存，因为多个引擎可以复用一个 DartVM。

由此可见，DartVM 与 Flutter 引擎没有必然联系。那么，DartVM 的初始化也不一定要在引擎的启动流程里。对于混合开发（Native + Flutter 的混合开发）场景，我们可以在启动 Flutter 引擎之前，且应用空闲时，在后台初始化 DartVM，UC 将其称

---

① ID 18225 Setup default font manager after engine created, to improve startup performance.

为 DartVM 虚拟机预热。

通过 DartVM 虚拟机预热，实测在 PixelXL 上 FlutterEngine 对象的创建耗时从约 120ms 降低到约 20ms，提升到 6 倍左右。

2. 首帧耗时优化

在 Hummer 引擎中实现的首帧耗时优化，主要从三个方面对引擎内部的启动流程进行优化，分别是：优化字体库冗余初始化、优化 VSYNC 首帧和优化光栅化构建。优化后的引擎在 PixelXL 上使用实际应用进行测试，相比 Flutter 引擎从启动到首帧耗时约 600ms，Hummer 引擎从启动到首帧耗时可以优化到约 240ms，提升到 2.5 倍。

（1）优化字体库冗余初始化。Flutter 引擎的 Framework 在初始化时，依赖 FreeType 计算字体信息。在一些特定机型上，例如 PixelXL，发现整个 font family 的构建过程特别耗时，达到 90ms 左右。通过进一步定位发现，在特定条件下，构建过程中反复调用 dlopen/dlsym 查找 FreeType 库的函数符号，导致有不必要的性能消耗。修复这个问题后，PixelXL 的 font family 构建耗时约为 10ms，提升到 9 倍。

（2）优化 VSYNC 首帧。这个优化是使本该被引擎抛弃的首帧有效化。Flutter 渲染流水线如图 6-4 所示。

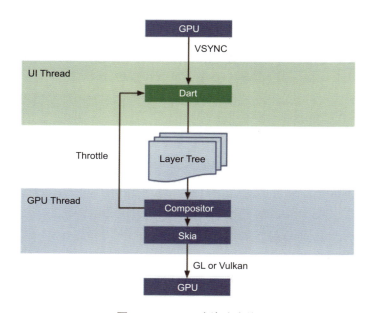

图 6-4　Flutter 渲染流水线

引擎收到 Framework 提交的帧需要满足以下两个条件才会渲染到屏幕：布局是

正常的，即不能是 0×0 大小的帧；光栅化存在 surface 载体。

目前，在 Flutter 引擎上存在这种情况：Framework 提交了一帧，但是因为不满足以上两个条件而被引擎抛弃。

Flutter 首帧的流程为：

- Flutter 引擎注册完 VSYNC 回调后，系统开始处理下一帧；
- 系统向引擎发送 VSYNC 通知，Framework 开始执行 BeginFrame 操作，生产完后交给 Flutter 引擎；
- 同时，系统遍历 View 层级，运行到 FlutterView，计算出它的布局大小，准备好 surface 后通知 Flutter 引擎。

可以发现，按照上述流程执行，在第三步尚未完成前（系统侧），第二步中 Flutter（引擎侧）已经获得首帧。此时信息不完整（布局大小及光栅化载体）的首帧就这样还未面世就结束了它的生命周期。因此，UC 做了相应的优化。在第二步中，Flutter 引擎获得首帧后，如果此时尚未收到系统侧通知的布局大小及光栅化载体，则先缓存首帧数据。等到系统侧将布局大小及光栅化载体通知到 Flutter 引擎后，再绘制缓存的首帧数据。经过优化后，VSYNC 首帧可以顺利地渲染出来。在 PixelXL 上，优化后的首帧上屏时间提前约 50ms。

（3）优化光栅化构建。Flutter 引擎的线程模型设计得比较简单，几个线程相互独立。但是在初始化阶段，很多操作仍然依赖执行的先后顺序。所以，在初始化阶段，存在很多线程同步的处理逻辑。其中一处同步处理逻辑是平台创建好 surface 之后，引擎的几个线程间的配合。先看优化前的 Flutter 引擎代码，其流程如下：

- 确认 I/O 线程 Skia 的 GrContext 已经成功创建；
- 通知 UI 线程；
- 在光栅化线程上把 surface 交给 rasterizer；
- 返回 platform 线程继续执行。

当实际运行时，在平台创建 surface 的这段时间，UI 线程正好在生产 VSYNC 首帧。而首帧要生成整棵 Element 树和 Render 树，处理起来一般会比较耗时。这就导致了本来预期很快会完成的事情，却阻塞了主线程。经过分析源码，发现其实 UI 线程做的事情并不影响后续的操作，因此优化方案是将后面的任务并行化。在 PixelXL 上实际测试发现，优化后首帧上屏时间提前到约 30ms。感兴趣的读者可以参考 UC

提交的 PR[①]。

3. 内存优化

（1）Flutter 引擎存在的问题。Flutter 引擎上的图片内存问题一直饱受诟病。一旦当前的 View 使用的图片过多，引擎的内存占用量就会急速增长，最终引发内存不足（Out Of Memory，OOM）问题导致应用崩溃。造成这个问题的原因主要有两点：

问题 1：垃圾回收（Garbage Collection，GC），Dart 层的 Image 对象引用了 Native 的 SkImage，导致没有垃圾回收就不能真正释放 Native 内存；

问题 2：页面写法，可能会导致大量不可见的 Image 对象被引用（resolve），导致过大的内存峰值；业务错误地引用 Image 对象导致该对象无法被垃圾回收，进而产生内存泄露。

针对问题 1，Flutter 官方目前也在进行优化。优化的方案是使 Flutter 引擎更加容易触发 Idle GC。

针对问题 2，通用的解决方案是由 Flutter 引擎的应用开发者优化。但是对于 Image 对象被引用导致内存泄露的问题，如果使用内存泄露查找工具则事半功倍。关于内存泄露查找工具的细节，请查看 6.2.4 节。

（2）Hummer 引擎优化方案。UC 依靠在 Web 渲染引擎的多年技术积累，设计并在 Hummer 引擎上实现了一种新的图片内存优化方案。该方案无论从降低内存的角度，还是从使用体验的角度，相比原 Flutter 引擎都有大幅度的提升，能很好地解决目前 Flutter 引擎中存在的图片内存问题。

在优化后的方案中，有两个图片缓存：

- ImageCache：原生 Framework 层的 ImageCache 退化为图片原始数据缓存；
- ImageDecodeCache：Native 层的 MRU cache，缓存解码后的 SkImage，内部又分为 InUseCache 和 PersistentCache。

以下是优化后 Hummer 引擎的渲染图片流程，如图 6-5 所示，图中虚线部分分别使用了 ImageCache 和 ImageDecodeCache，这两个缓存都有 Size 和 Capacity 上限，达到上限后会用 LRU 算法淘汰 Image 对象。

- Flutter 引擎中渲染图片的加载、解码、Upload 三个流程优化为加载和解析文件头两个流程，流程中使用的是 ImageCache；
- Layout 和 Paint 流程中用到的是包含原始数据的 SkImage；

---

① ID 19936 Make rasterizer setup to be parallel.

- Layer 光栅化前会安排 Picture 中可视区域内未被解码的图片解码，会用到 ImageDecodeCache。当光栅化时，SkImage 被替换为解码后的 SkImage。

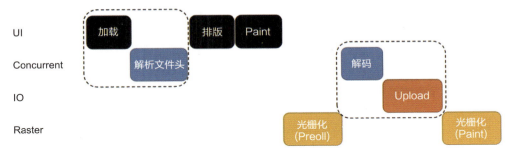

图 6-5　优化后 Hummer 引擎的渲染图片流程

优化后的方案优势如下：

- 业务无感知：优化方案的主要改动在引擎内部，不会影响业务人员的写法。对比业界常用的"外接纹理"方案，该方案的主要改动在 Framework，业务人员需要使用特殊的 Widget，有一定的适配工作量，而且在 Android 上存在额外的内存占用及兼容性问题；
- 只解码 viewport 区域内的 Image：避免不必要的解码内存；
- 内存优化明显：存储在 Native 端的 SkImage 的 ImageDecodeCache，可以主动释放，不受垃圾回收限制。另外，即使有泄露的 Image，最终也会在 ImageDecodeCache 里被淘汰（LRU），不会一直占用内存；
- 低端机优化：对于低端机型，设置更小的 ImageDecodeCache 上限，同时降低 Image 尺寸，减少内存占用；
- 更快的 Layout 和 Paint：只需要解码文件头，在首帧和快速滚动时效果明显。

基于本方案优化后的引擎，再结合内存泄露查找工具，业务人员可以放心地使用 Image widget，避免内存不足的困扰。

（3）Hummer 引擎优化后的效果。UC 修改了 Gallery 的中的 Backdrop，增加了大量图片，并且设置缓存的上限为 30MB，以便能更快地看到内存回收的效果。

① 更快的 Layout/Paint。从原生 Flutter 的测试中可以看到，屏幕滚动过程中会有明显的跳动。这是由于 Image 被解码或淘汰，导致没能及时解码，而只显示了图片下面的 text，明显的跳动则是由排版变化导致的。

从优化后的测试中可以看到，屏幕滚动过程中完全不会出现跳动。这是由于在滚动过程中,引擎只解析 Image 文件头,所以能很快参与排版,虽然解码还是有延迟,但是不会有跳动的感觉。

② 内存可控。内存测试是获取 App 的 meminfo 中的 "Gfx dev" 的数值,该数据表示 GPU 的内存占用。测试方法是点击 Backdrop,上下快速滑动,通过以下代码间隔 0.2s 获取 meminfo,然后获取其中 Gfx dev 的数值。Flutter 与 Hummer 测试图片内存的数值对比如图 6-6 所示。

```
watch -n 0.2 "adb shell dumpsys meminfo io.flutter.demo.gallery >> mem.log"
```

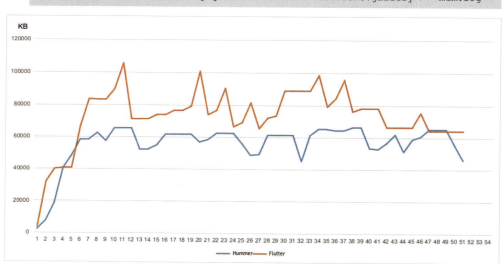

图 6-6　Flutter 与 Hummer 测试图片内存的数值对比

对于图 6-6,有几点说明。

虽然缓存设置的数值为 30MB,但由于 RasterCache,以及 mipmap 和其他 Skia 内部分配的 Buffer,这个值要更大一些。从曲线上看,稳定的值应该在 60MB 左右。

刚进 Backdrop 时,优化后 Hummer 引擎的 GPU 内存占用约 8MB,原生 Flutter 引擎的 GPU 内存占用约 32MB。这是由于 ListView 解码了多张图片,而优化后的方案只解码了 Viewport 内的两张图片。

在滑动过程中,Image 对象内存超过缓存上限,两种方案都会淘汰 Image 对象,优化前的方案由于没有及时执行垃圾回收,内存峰值超过 100MB,垃圾回收后回到 70MB 左右,后面有多次类似的波动,而且平均 GPU 内存占用要比优化后的方案大,这使得出现内存不足的概率增大。优化方案后,在滑动过程中,GPU 内存稳定在 60MB 左右,没有明显的波动。

优化后的方案内存释放不再受垃圾回收限制，通过内存的主动释放机制，可以使 Image 对象内存维持在一个平稳的水平，使内存和性能达到平衡，从而比较好地解决前面提到的问题。

（4）动画图片优化。Hummer 引擎使用新的图片内存管理方案后，对动画图片（如 GIF 图片）解码后的帧进行缓存。对比 Flutter 引擎不缓存解码帧的方法来看，在 Hummer 引擎上播放动图的性能体验更佳，而且业务方也不用担心引擎缓存解码数据带来的内存压力，因为根据 Hummer 引擎设计的内存淘汰算法，可以在内存压力变大时自动回收内存。

4. LLVM 编译器优化

（1）方案原理及实现。原生 Dart AOT 编译流水线如图 6-7[①] 所示。

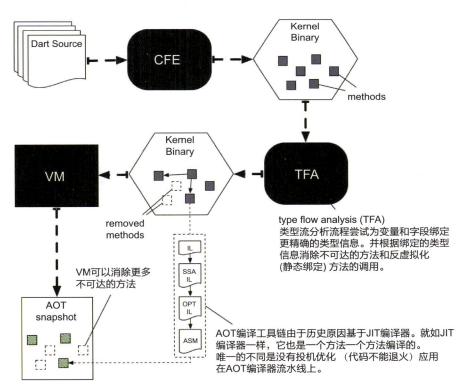

图 6-7　原生 Dart AOT 编译流水线

Dart 源码经过一个通用前端编译器生成一个二进制文件，再经过类型流分析

---

①　图片来源于 https://mrale.ph/dartvm。

（TFA），优化掉没被调用的方法进而生成 IL 指令，IL 指令经过一系列优化，最终生成 ASM 代码，经过整合生成目标可执行的代码。

为了进一步提升 AOT 代码的生成性能，UC 在 Dart AOT 编译流水线的后端接入了 LLVM，利用它强大的代码优化功能，生成尺寸更小、性能更高的可执行代码，改造后的编译流水线如图 6-8 所示。

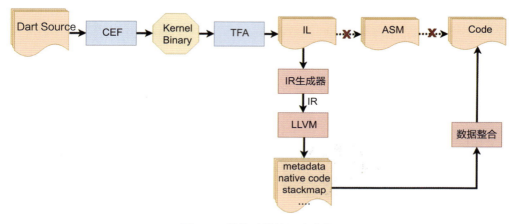

图 6-8　优化后的编译流水线

在此方案中，直接切断了 IL 之后的流程，并通过自己开发的 IR 生成器，将 IL 指令转换为 IR 指令，并将 IR 指令输入 LLVM 后端编译器进行代码优化，最终再将数据整合后对接到原流程，生成目标可执行的代码。

（2）优化后的效果。经过初步测试，定制 LLVM 编译器优化后的 Dart 代码性能可以提升 30%，尺寸减少 10%。

6.2.3　Hummer 引擎功能增强

本节介绍在 Hummer 引擎中如何实现 DarkMode 方案及混合栈方案。

1. DarkMode 方案

6.2.2 节简要介绍了 Flutter 引擎中现有 DarkMode 方案的缘由、现状与不足，本节主要围绕方案设计与实际效果展开介绍。

（1）Hummer 引擎中的 DarkMode 新方案设计。整个方案围绕两个基本要素设计：

一是新增一个 DarkMode Widget，它继承于 InheritedWidget，通过新增属性 enabled 控制其子节点是否使用 DarkMode Filter 进行绘制。当其为 true 时，Widget 的子节点在绘制时，会将颜色转换为暗色效果；反之，则保持子节点原来的颜色。

二是可以通过 Widget 的嵌套，进行局部控制，从而支持开发者对部分 Widget 颜色进行调整。

（2）新方案的实现。Flutter 引擎的排版渲染流程与 Chromium 的流程类似。在 Paint 流程中，将 RenderTree 转换成 Skia 绘制指令，保存到 LayerTree 中，再根据 LayerTree 构建 Scene 对象，传递到引擎层，进行真正的合成和渲染。Hummer 引擎的 DarkMode 实现就是在 Paint 流程中，使用 DarkModeFilter 对传入的颜色进行转换，再根据转换后的颜色生成 Skia 绘制指令，从而实现 DarkMode 的功能。

前面提到的 DarkMode Widget 的 enabled 开关功能，是在 RenderObjectElement mount 和 update 时，通过 DarkMode.of(this) 获取 DarkMode 记录的 enabled 标志位，保存到 RenderObject，在后续的 Paint 流程中，从 RenderObject 取出该标记，一层一层地传递到引擎层。

Hummer 引擎中 DarkMode 新方案的设计类图如图 6-9 所示。

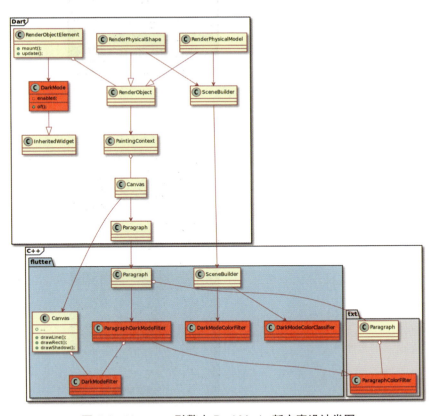

图 6-9　Hummer 引擎中 DarkMode 新方案设计类图

（3）新方案的效果。UC 使用了开源的 flutter_deer 工程做实验，经过 DarkMode 颜色转换后，部分界面前后的样式如图 6-10 与图 6-11 所示。

图 6-10　商品页面切换 DarkMode 前后的样式

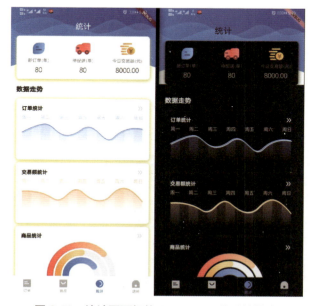

图 6-11　统计页面切换 DarkMode 前后的样式

可以看到，Hummer 引擎自动生成的 DarkMode 效果与 flutter_deer 工程的作者实现的 DarkMode 效果非常接近。

2. 混合应用开发增强：混合栈路由

（1）当前 Flutter 引擎存在的问题。Flutter 在设计之初，主要用于纯 Flutter 应用的开发，为了能够让现有 Native 业务平滑过渡到 Flutter，官方提供了混合开发的模式，使得一个 Native 的应用可以有部分界面用 Flutter 开发。但是混合开发的应用也会引发两个难题：一是 Native 页面与 Flutter 页面之类的路由管理；二是如何实现 FlutterEngine 复用，以节约内存。

对于以上两个问题，目前主流的解决方案有 FlutterBoost、Thrio，阿里巴巴内部团队基本使用的为 FlutterBoost 方案。从现有场景来看，基本可以满足业务诉求，整体使用体验也比较友好。但是无论是 FlutterBoost 还是 Thrio，都拷贝了一些 Flutter Embedding 的代码进行改造，这样会带来两个明显的问题：一是拷贝的原生代码随着引擎升级可能有变化，需要重新移植适配，增加了引擎升级后的业务风险和适配工作量；二是 Hummer 定制引擎有些功能会改动 FlutterBoost 拷贝的代码，两边维护成本比较高。

由于 Flutter 官方主线演进速度非常快，在引擎内部实现一套简单可靠的混合栈路由方案就显得非常重要。

（2）Hummer 引擎提出的优化方案。Flutter 官方也意识到提供混合栈路由方案的重要性，所以在 2020 年也开始开发相关的方案，但是官方的 HostRouter 方案开发进展较慢，而且不支持 Tab 切换场景。Hummer 引擎基于官方的 HostRouter 方案做了完善和优化，实现了自己的混合栈路由方案。主要的工作包括：安卓平台的适配代码完善；提供单引擎复用支持；支持 Tab 切换；简化了方案使用，支持动态路由注册；解决一些存在的问题。

3. 混合应用开发增强：混合渲染

（1）当前 Flutter 引擎存在的问题。在 Flutter 的实际应用中，开发者常常会有这样一种诉求：原有客户端一些有不错积淀的，而又难以通过用 Flutter 实现的 Native 组件，如 WebView、Map 等，也期望能够与 Flutter 生态有所结合。Flutter 官方确实也考虑到了这些诉求，其引擎早已经支持了混合渲染功能，也就是常说的 PlatformView 模式。其核心实现思路是：

- Android 平台：将 Embedded View（Native 组件）通过 VirtualDisplay 及 Presentation 输出到一个 SurfaceTexture 上，并最终将 SurfaceTexture 交给 Flutter 引擎进行合成；

- iOS 平台：将 Flutter 页面渲染内容拆分到多个不同的 FlutterOverlayView 上，并将 Embedded View（Native 组件）与 FlutterOverlayView 按一定的层级关系叠加到一起。

上述方案虽然能够基本实现混合渲染的诉求，但还是存在一些明显的缺陷，特别是在性能体验上，如：

- Android 平台。VirtualDisplay+Presentation 的方案，仅支持 4.4 版本以上的 ROM；VirtualDisplay+Presentation 的方案在性能体验上会有明显折损，Flutter 社区里也有开发者提到过这个问题：Bad PlatformView performance on Android；
- iOS 平台。Platform Thread（App UI Thread）跟 Raster Thread 必须合并，这也意味着在 Platform Thread 上执行的任务会变得更多。

（2）Hummer 引擎提出的优化方案。UC 的解决方案是在 Android 平台上完成以挖洞方案实现的混合渲染。

在 AndroidView class 中，UC 扩展了一个 renderType 属性，允许开发者灵活使用不同混合渲染模式，方案如下：

```
class AndroidWebView implements WebViewPlatform {
  @override
Widget build({
 ......
}) {
 assert(webViewPlatformCallbacksHandler != null);
 return GestureDetector(
   ......
   child: AndroidView(
   ......
   // PlatformViewRenderType.penetratedDisplay or
   // PlatformViewRenderType.virturlDisplayPresentation
   renderType: PlatformViewRenderType.penetratedDisplay,
   ),
 );
}
```

目前，Flutter 开发者已经在尝试解决 Android 平台上混合渲染的性能问题，如 Hybrid Composition of Android Views，但该方案与 iOS 平台原生方案实现同样存在一个问题：Platform Thread（App UI Thread）与 Raster Thread 必须合并。

但是经过评估发现，混合渲染在技术上还需要做到 Platform Thread 与 Raster Thread 保持独立并行，以达到更优的体验效果。优化后的混合渲染方案的最核心的部分为以下两点：

- 会将 Embedded View 放到 FlutterView 下方，并将 FlutterView 中对应 Embedded View 的位置透明化处理（可以简单理解为在 FlutterView 上找到合适的位置进行挖洞，以便显示位于 FlutterView 下面的内容），Embedded View 与 Flutter 的渲染互不干扰，但用户的视觉感受上是一个整体；
- 在 Raster Thread 中计算 Embedded View 的位置、大小、透明度等信息，并在 Platform Thread 中的合适时机根据 Raster Thread 中的计算结果更新 Embedded View，以此拆分线程，并做到 Embedded View 与 Flutter 其他元素的显示同步，避免出现滚动黑边等问题。

（3）优化方案的效果。经测试发现，优化后的混合渲染方案会给用户体验带来明显提升。在 Mate30 Pro 设备中的测试结果如下：

- FlutterView（Flutter 原生组件渲染输出对象）帧率最高有 28% 的优化；
- 嵌入的 PlatformView 帧率最高有 50% 的优化；
- 优化前后内存和 CPU 占用无明显变化。

4. 混合应用开发增强：多 FlutterView 卡片式嵌入

（1）当前 Flutter 引擎存在的问题。现有业务方会存在一个页面的部分区域使用 Flutter 实现的场景，例如一个可滚动列表，上面有多个卡片，其中某些卡片或者全部卡片节点使用 Flutter 实现，外层的页面框架及滚动底座使用 Native 实现。对于这种 Flutter 页面作为卡片嵌入的场景，通常的做法是在页面嵌入多个 FlutterView，但是这里会导致创建多个引擎实例，出现内存占用过高的问题，对于每个 FlutterView，每个引擎都需要分配以下资源：

- 一个 Root Isolate；
- 3 个线程（UI、GPU 和 I/O）；
- 两个 GL Context（Android）；
- 一个光栅化的 Skia GrContext，一个纹理上传的 GrContext（后者可以忽略

不计);
- 一个 TextureView 或 SurfaceView 或 CALayer（这个对象不能略过不创建，不过当对象不可见时可以释放）。

每增加一个 FlutterView，都需要付出较多的额外系统资源和内存占用。系统资源包括线程和 GL Context，另外它们本身也需要额外的内存，创建线程和 GL Context 也存在额外的时间开销。多个光栅化的 Skia GrContext 也妨碍了 Skia 内部共享缓存，导致额外的内存占用和额外的 WarmUp 开销。并且，当前 Flutter 引擎的图片解码和缓存管理机制，也存在在复杂场景下缺少有效的峰值控制机制等问题，在大量图片同时生成时容易出现系统阻塞和内存不足的问题。除此之外，对于混合应用来说，Flutter 还缺失了在不同 Flutter App 之间共享数据的通用机制（Flutter App host 在不同的 Flutter View）。

解决多个 FlutterView 内存过高的问题，目前业界有尝试共享 isolate 的方案，其架构图如图 6-12 所示①。

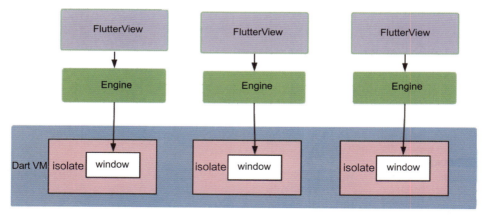

图 6-12　业界使用的共享 isolate 方案架构图

该方案最大的问题就是对 Framework 层的改造嵌入比较大，会导致后续升级困难。

（2）Hummer 引擎的优化方案。对于多 FlutterView 卡片式嵌入场景的支持，Hummer 引擎提出了保持多个引擎，但是降低多个引擎总内存占用的思路，具体优化方案如下：

---

① 让 Flutter 真正支持 View 级别的混合开发。

- 多个引擎共享 GL Context 和 Gr Context；
- 多个引擎共享 GPU 线程；
- ImageCache 与 Widget 分离，实现多引擎统一管理；
- 优化引擎的创建和初始化时间。

（3）优化方案的效果。为了排除图片解码缓存内存管理的干扰，UC 专门测试了无图和有图两种情况，并且增加了开启引擎优化和关闭引擎优化的对比。增加了只有一个 FlutterView/Engine 的无图简单 Demo 作为对比参考（使用 SurfaceView，大小只有窗口的一半），另外也增加了一个纯原生无图的长列表 Demo 作为对比参考（卡片内容不完全一致，仅供参考）。

内存占用通过 meminfo 查看，主要看 PSS。PSS 虽然不能完全代表真实的物理内存占用，但是用于对比增量还是有一定参考价值的。在实际操作中，会滚动到底部之后再滚动回头部，长列表设置显示 200 张卡片，在这个过程中 RecyclerView 一共创建了 9 个 FlutterCard 对象，也就是 9 对 FlutterView/Engine 循环使用，如表 6-3 所示。

表 6-3 Hummer 引擎优化多 FlutterView 的效果

	无图（开启优化）	无图（关闭优化）	有图（开启优化）	有图（优化一）	有图（优化二）
PSS	156.1	224.3	573.7	355.6	202
Natvie Heap	14.1	24	16.8	15.3	14.5
Gfx Dev	2.1	8.6	350.1	136.8	28.9
.so mmap	12.2	12.2	12.2	12.5	12.5
EGL mtrack	57.3(46)	56	56.4	57.7	58.1
GL mtrack	8.1	61.0	20	10.6	8.0
Unknown	50.2	48.5	106.8	110.8	68.5

6.2.4 Hummer 引擎内存泄露检测工具

1. 当前 Flutter 引擎存在的问题

目前，Flutter 业务团队反馈最普遍的问题是 Flutter 内存占用过高。经过调研后，我们得到的结论是：Dart Heap 内存管理以及 Flutter Widget 设计综合导致业务内存较

高,最核心的问题引擎设计使得容易发生内存泄露。在开发过程中,内存泄露常见且难以定位,主要原因如下:

- Flutter 渲染三棵树的设计和 Dart 各种异步编程的特点,导致对象引用关系比较复杂,分析困难;
- Dart "闭包" "实例方法" 可赋值传递,导致所在的类被方法上下文持有,不经意就会发生泄露。典型的案例如注册一个 Listener 没有反注册,导致 Listener 所在的类对象泄露。

开发者享受了 Flutter 开发的便利性,却不知不觉中承受了内存泄露的苦果。虽然目前也有几种方案,但是都因为有各种缺陷导致不满足实际应用的需求。因此,UC 迫切地需要一套高效的内存泄露检测工具摆脱这种困境。我们参考了 LeakCanary 找到监控对象,它需要满足以下三点:泄露对象引用的内存足够大,能够完备定义内存泄露,风险高。

2. Hummer 引擎的解决方案

在深入分析 Flutter 渲染后发现,Image、Picture 发生泄露的根本原因是 BuildContext 发生泄露。而 BuildContext 恰恰满足前面提到的三个条件。因此,UC 选择对 BuildContext 进行监控,同时业务常操作的 State 也一并监控起来,提高整体方案的准确度。

通过定制 Hummer 引擎在底层实现了类似 Java 对象弱引用的功能,进而实现了整体方案的高效性。其方案是:

- 将 finalizeTree 阶段的 inactiveElements 放到 weak Reference map 中;
- Full GC 后检测 weak Reference map,如果其中仍持有未释放的 Element,则判定为发生泄露;
- 输出泄露的 Element 关联的 size、对应的 Widget、泄露引用链信息。

3. 内存泄露检测工具的效果

用内存泄露检测工具检查实际的线上业务,快速定位了一些内存问题。

如图 6-13 所示,泄露的 StatefulElent 对应的是一个重量级页面,Element 树非常深,关联泄露的内存很可观。在解决这个问题后,由于内存不足导致的业务崩溃率显著下降。

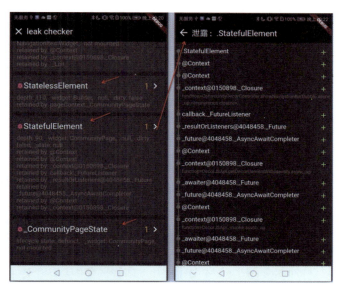

图 6-13 使用内存泄露检测工具定位泄露问题

6.2.5 小结

本节为读者介绍了 Flutter 定制引擎 Hummer 中实施的一些重要的优化以及新的功能模块,目前阿里巴巴集团内多个业务已经接入 Hummer 引擎并且大规模上线应用,证明了优化后的效果达到预期。本节主要介绍了 UC 在实际使用中遇到的问题以及解决思路。

6.2.2 节介绍了 Hummer 引擎实现的性能优化点。优化后的 Hummer 引擎启动、打开新页面的耗时更短;多图页面的内存占用更少。同时介绍了如何从优化编译器的角度提升代码运行性能。读者在业务中如果遇到性能方面的问题,不妨试试从优化引擎的角度解决。

6.2.3 节介绍了 Hummer 引擎实现的功能增强点。UC 实现的自适应 DarkMode 方案效果接近或等同于业务端实现的效果,帮助业务研发人员从适配 DarkMode 的工作中解脱出来;还介绍了如何解决混合栈开发时遇到的问题,从混合栈路由、混合渲染以及多 FlutterView 场景优化三个方向展开,分别介绍了三个方向的解决思路。从文中给出的数据可以看到实际的优化效果。

6.2.4 节介绍了 Hummer 引擎实现的内存泄露检测工具以及该工具实现的效果。该工具依赖 Hummer 引擎提供的类似 Java 对象弱引用的机制实现,可以快速定位客户端的泄露问题。

6.3 Flutter 在 ICBU 的实践

本节介绍 ICBU 在国际化电商下的挑战和基于 Flutter 的解决方案，主要从几个方面讲述：ICBU 关于业务、组织和技术变迁的简单介绍，为什么选择 Flutter，在 2020 年我们做了什么，下一步计划。

6.3.1 ICBU 无线变迁

要了解技术的变化，最好先了解团队的变化，而了解团队的变化，又要先了解团队的业务和组织的变化。

1. 业务

ICBU 是存在了 21 年的老业务，在近几年又焕发出了惊人的活力。在导购域中，首页千人千面、产品推荐和展示内容不断丰富；在沟通域中，用户的询盘、交易信息流不断融入聊天会话当中，各种丰富的卡片极大地提升了用户体验；在交易域中，越来越完善的交易流程出现在 App 中。同时，出现了新的业务域、内容域，直播、短视频等新的玩法，不断地给商家带来新的商机。业务的快速发展给技术团队带来巨大的压力。现有技术架构能否支撑新增业务的要求，资源能否支撑越来越多的业务，这是技术团队当前面临的问题。

2. 组织

为了适应业务的快速发展，ICBU 的组织也在不断调整。2017 年之前的无线部门以技术栈划分团队，如图 6-14 所示，这是当时乃至现在绝大多数公司无线部门的组织架构。

图 6-14　2017 年之前的无线组织架构

2017 年，把无线技术部从以技术栈划分团队，变为了以业务域划分团队，如图 6-15 所示。按技术栈划分团队更能集中力量进行技术建设，尤其是基础技术建设；按业务划分的团队更容易集中力量进行业务建设或者针对业务的技术建设。在完成早期的技术积累后，面对飞速发展的业务，以业务划分技术团队的确是最优解，技术人员有条件沉淀复杂的业务，是对业务最有效的保障。

图 6-15　2017—2020 年的无线组织架构

如果保持 Android 和 iOS 的 Native 开发团队，在业务团队内部依然会存在一定的割裂，两端开发人员的技术语言、技术栈不同，必然会造成一定程度上的技术交流问题，使技术人员的成长速度变缓。跨端技术可以在一定程度上解决这个问题，使用相同的跨端技术后，拥有相同技术栈的人数直接翻倍，技术交流的范围和效率也成倍增长。

2020 年，我们又进行了无线团队和前端团队的融合，构建了大前端团队。虽然无线和前端变得更加紧密，但它们之间的技术割裂又一次出现，如果没有合适的技术作为融合的基点，技术沟通的效率还是会受到影响。

3. 技术

在 Flutter 出现之前，ICBU 进行了许多的跨端框架的尝试，这些跨端框架虽然可以解决部分效率问题，但是因为其自身的种种问题，只能应用于特定场景，无法全面地取代 Native。

但是 Flutter 为我们带来了希望，可以通过 Flutter，全面地提升被 Native 拖慢的研发效率，解放无线开发。如图 6-16 所示为跨端框架在 ICBU 的演进。

图 6-16　跨端框架在 ICBU 的演进

6.3.2　跨端技术和 Flutter

1. Flutter 的优势

和其他跨端框架相比，Flutter 有很多优势，比如可以脱口而出的高性能、高效率等，这里不再赘述。下面重点介绍实践两年以来，感受到的 Flutter 的最大优势。

（1）资源和技术的打通。在接入 Flutter 之初，最看好它的是"一端编写，多端运行"的优势，但是在运行一段时间后，发现即使 Flutter 可以达到提效 70%~80% 的效果，单纯的资源效率提升也未必是它最大的优点。它最大的优点是实现了团队内资源和技术的打通。

对于一个小型的业务团队而言，一个团队内单技术栈的人才通常屈指可数，如果开发人数不均衡，就会导致业务不均衡，假如因为一系列的变动以及招聘的困难，半年内 iOS 开发人员有 4 名，Android 开发人员只有 2 名。此时只能权衡业务比重，Android 侧的业务上线的数量就会变少，除非未来 Android 开发人数能够超过 iOS 开发人数，否则缺失的这些业务可能永远无法上线。

（2）较少的单技术栈开发人数会使技术交流变少，人员成长速度变慢。而 Flutter 先天就可以解决这些问题，资源较多的技术栈进行更多的 Flutter 开发，资源较少的技术栈则进行插件和路由的开发。通过这种方式，Flutter 承担了"松紧带"的作用，技术栈间资源的平衡变得非常容易。

2. Flutter 的问题

Flutter 虽然在飞速发展，但依然存在一些令人头痛的问题。

（1）工程体系。Flutter 现在最成熟的是纯 Flutter 应用，如果成熟的 App 想要接入 Flutter，除了在工程体系上需要按照官方 Add Flutter to existing app 的方式接入，还需要接入一款成熟的混合栈框架（如 FlutterBoost）。这个过程还会遇到一些问题，也会花一定的时间。

（2）开发能力。Flutter 在开发能力方面的问题有一些受限于其成熟度，有一些则是其原理和机制带来的。

（3）JSON 序列化和反序列化。因为 Flutter 禁止了 Dart 的反射能力，所以 Flutter 不存在类似于 FastJson 这样的 JSON 解析库，这也导致 JSON 文件的解析工作需要使用 Dart 代码逐行实现。比如，一个复杂页面需要 1100 行的 JSON 序列化和反序列化代码。

即使可以通过 Android Studio 的插件自动生成 Dart 代码来节省工作量，但如此庞大的 JSON 序列化相关的代码不仅会带来效率问题和运行时风险，也会使 App 运行时内存和包体积增大。

（4）质量。和 Native 不同，Dart 遇到运行时错误不会导致程序崩溃，只会导致当前的方法体不会继续执行。所以，一个 Flutter 错误造成的影响在不同的地方是截然不同的，小则不会有任何影响，大则有可能导致整个页面无法正常展示。

因为不会崩溃，所以有些问题不一定能及时发现，这也会导致会有相当一部分数量的 Flutter 错误被遗漏在线上，给业务带来风险。如图 6-17 所示，CastError 是开发过程中经常遇到的问题，这个错误有可能导致整个页面的数据解析无法继续进行，进而出现白屏。

```
0-06-18 11:07:15.022 28452-28827/com.alibaba.intl.android.apps.pose
The following _CastError was thrown:
type '_InternalLinkedHashMap<dynamic, dynamic>' is not a subtype
of type 'Map<String, dynamic>' in type cast
```

图 6-17　Flutter 错误日志

6.3.3　技术改进

1. 拥抱 AliFlutter

从 2020 年开始，ICBU 放弃了部分自己维护的基础设施，比如混合栈、性能监测，开始拥抱 AliFlutter。主要有几方面考虑：

（1）技术最优解已有定论。在 Flutter 开始出现的时候，部分技术方向的解法各不相同，拿混合工程来说，有些团队自己"魔改"，有些团队基于官方的 Add to App 维护。在 Flutter 初期，这些技术方向可以各自尝试。在运行一段时间后，各个方向的优缺点都变得很明显。

（2）维护成本。有些基础设施的建设成本不高，但是维护成本非常大，比如混合栈。随着 Flutter 页面越来越多，各种页面的花式跳转层出不穷，对已有的混合栈技术提出了新的要求，独立维护混合栈的成本越来越大。

早期的 Flutter 对混合栈的支持特别薄弱，无论从引擎复用角度还是上层页面管理角度来看，都需要业务开发者亲自做基础设施建设。ICBU 也是如此，早期基于 Native 容器和 Flutter 的 Navigator 机制自研了一套混合栈体系。对 Native 和 Flutter 的两套页面栈进行维护，依靠 Native 容器和 Flutter 页面的同时入栈和出栈，保证页面顺序的正确性。图 6-18 所示为 ICBU 自研混合栈的技术方案。

这套混合栈在技术原理上更好理解，更易搭建，前期也更好维护。但是有一些致命的功能缺陷，如无法支持多个 Flutter 页面以 Tab 形式嵌入一个 Native 容器中。依赖栈进行管理的问题在于无法处理 Tab 切换的逻辑。

相比之下，FlutterBoost 的技术原理和实现更为成熟，它维护了一套页面管理机制，在设计更复杂的同时，有效地解决了 Flutter Tab 嵌入的问题。这也是我们决定接入 FlutterBoost 的核心原因。

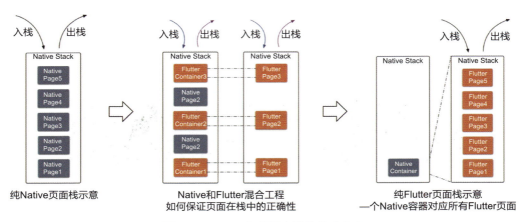

图 6-18　ICBU 自研混合栈的技术方案

当我们接入 FlutterBoost 之后，前后向 FlutterBoost 提交了多个 PR，主要解决一些质量问题，提供一些开发体验上的优化。

2. 性能：页面启动速度

受限于引擎启动、虚拟机等消耗，Flutter 的页面启动时间稍长于 Native，为了实现主链路"秒开"的目标，对 Flutter 主链路页面进行了一系列优化。

（1）混合栈：复用引擎。如图 6-19 所示，复用引擎可以减少每个页面引擎初始化的时间，进而大幅度提升页面的启动速度。目前常见的混合栈框架如 FlutterBoost 都自带复用引擎的功能。

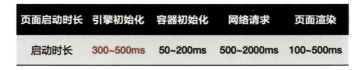

图 6-19　Futter 页面启动时长分拆

（2）网络接口预加载。网络接口预加载通过把串行执行的页面启动到网络请求，变成并行执行，节省页面启动的时间。

3. 质量：Flutter 错误的降低

如上文所述，Flutter 的质量问题主要体现在线上问题容易遗漏，因此通过一系列操作保证开发过程中的质量，并进行线上质量问题的排查。

（1）界面抛出异常。因为只有同步运行时出现的错误才能被官方的 ErrorWidget

展示，所以需要用 runZone 的方式捕获所有的异常，然后把所有的 Flutter 错误都在页面中展示出来，如图 6-20 所示，从而阻塞开发人员的下一步操作，督促其尽快把问题修复。

图 6-20　Futter 错误报错页面

（2）线上白屏分析。闲鱼的 APM 库有助于获得页面控件的覆盖率，因此可以通过覆盖率的分布判断一个页面在线上的运行状态是否有问题。

通过上面的一系列操作，保证了 Flutter 错误率的逐步下降，如图 6-21 所示。

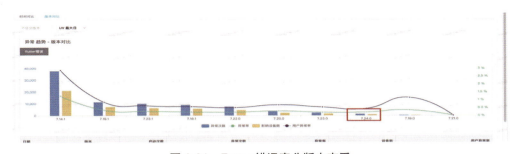

图 6-21　Futter 错误率分版本查看

4. 内存泄露检测

内存泄露是一个难发现、难定位的问题。在 Android 上有 LeakCanary、Matrix，在 iOS 上有 MLeaksFinder 等排查内存泄露的工具。在 Flutter 平台上如何排查内存泄露问题呢？

当一个对象的生成周期超过了人为定义的生命周期后依然存活，且超出的生命周期部分不是业务需要的时，称这个对象发生了内存泄露。一般的内存泄露监控的流程如图 6-22 所示。

生命周期监控
（检查生命周期结束） ⇒ 检查对象是否泄露 ⇒ 分析对象引用链 ⇒ 展示内存泄露路径

图 6-22　一般的内存泄露监控的流程

想要自动化地监控一个对象的内存是否泄露，首先要确定哪些对象是有固定的生命周期的，这里可以参考 Android 的 Activity 和 iOS 的 ViewController，如图 6-23 所示。

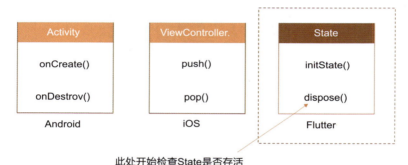

图 6-23　内存泄露生命周期示意图

目前，只能给 State 这类对象定义出一个比较明确的生命周期，其他对象无法定义出通用的生命周期，所以只能针对 State 进行内存泄露监控。

（1）监控 State 的生命周期方案。

- 手动添加：在基类 State 的 dispose() 方法中手动添加代码，触发内存泄露检查。虽然此方法实现简单，但代码侵入性强，且开发时很容易遗忘使用基类 State；
- 字节码插桩：将手动添加的代码换成编译时通过修改字节码插入，能做到代码无侵入，但 Dart 的插桩技术 Google 公司目前还在开发中，尚不成熟；
- 修改 Flutter Framework：手动修改 State 的 dispose() 方法调用，像 Android 一样允许外部监控所有 dispose() 方法调用，这种方式实现简单，但不利于推广。

（2）如何判断对象是否泄露。判断一个对象是否泄露的总体思路其实很简单，在对象生命周期结束后转储整个内存，看这个对象是否依然占用内存空间。具体怎么转储整个内存呢？这需要用到 Flutter 官方提供的工具 Observatory。借助 Observatory，就能获取内存分布状况，但为了使用 Observatory 服务，又将面临两个新的问题：

- 如何连接：Observatory 以 websocket 形式提供服务，且 URL 随机，无法连接；
- 如何通信：Observatory 提供的 websocket 协议未知，也没有相关文档，无法进行通信。

经过一段时间的摸索，解决方案如下。

- 连接 Observatory。Flutter 引擎会把 Observatory 的 URL 以反射的形式设置到上层，直接写一个桥接去获取就可以了，此处不再赘述。API 如下所示：

```
Android: FlutterJNI.getObservatoryUri()
iOS:     FlutterEngine.observatoryUrl
```

- 与 Observatory 通信。官方提供了一个库 vm_service，示例代码如下：

```
//获取所有的class信息
AllocationProfile profile = await service.getAllocationProfile(isolateId);
if (profile.members == null) {
    return false;
}
profile.members.forEach((ClassHeapStats classHeapStats) async{//找到需要的class
if (classHeapStats.classRef.name == pageName) {
    // 获取该class所有的instance
    InstanceSet instanceSet = await service.getInstances(isolateId,
classHeapStats.classRef.id, 5);  }
});
```

通过这个 vm_service，自然能够获取对象在内存中的情况。

（3）如何判断 State 实例是否泄露。先看判断一个实例是否泄露的通用标准，如图 6-24 所示。

Dart 没有弱引用的概念，是不是无法按照这个思路执行？这里介绍一个新的角色——伪弱引用 Expando，可以利用它来解决问题。Expando 可以给一个对象扩展功能，具体如下。

```
expando[key] = value
```

Expando 有一个特性：如果 key 被回收了，那么 Expando 不会强持有 key 对象。因此可以利用 Expando 实现弱引用的功能，而它的弱引用本质上是在 C++ 层实现的。

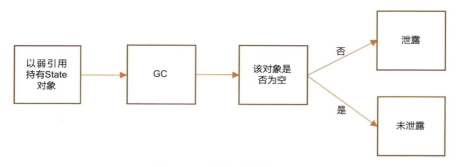

图 6-24　内存泄露判断标准

现在，已经知道某个 State 泄露了，接下来就要找出泄露路径。Dart 提供的 Observatory 框架已经把这一步做好了，只需要通过 vm_service 直接获取结果即可，通过 Observatory 能直接看到一个类的引用路径，如图 6-25 所示。

```
Class            _SecondState
Shallow size     24B
Reachable size   ... ↺
Retained size    ... ↺
Retaining path   { ⊟
                   _SecondState { ⊞ }
                   retained by [ 2 ] of _GrowableList (4) { ⊞ }
                   retained by _observers@415399801 of WidgetsFlutterBinding { ⊞ }
                   retained by a GC root (static fields table)
                 }
```

图 6-25　引用路径示意图

在 vm_service 中，能够通过 getRetainingPath() 方法获取这些结果，此处不再赘述。通过内存泄露工具，一共发现并修复了几十个内存泄露问题。

6.3.4　未来探索的方向

Flutter 建设架构图如图 6-26 所示。

1. 全链路研发工具

现在的 Flutter 研发流程还有许多需要手动执行的地方，尤其对于模块化的工程结构而言，如源码和线上依赖的切换、Flutter Packages 的发布和更新，以及 Flutter Module 的打包等。种种问题聚集在一起，会不经意间影响研发效率和研发体验。未来会以 AndroidStudio 插件和 VSCode 插件的形式，提供可视化的模块管理插件，降低研发成本。

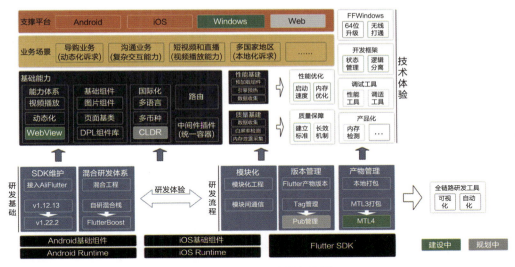

图 6-26　Flutter 建设架构图

2. 和前端的融合

无论是 Flutter for Web、Web on Flutter，还是 Dart 转 JavaScript 或 JavaScript 转 Dart，都是未来探索的方向。希望可以通过一系列的建设，完成和前端技术体系的部分融合，以节省跨 App 或浏览器的技术资源，促进不同技术栈之间的沟通。未来会从以下几个方向入手，进行探索。

（1）Flutter for Web。以 Dart 语言统一多端，但是在浏览器中会有包大小和加载性能的难题。

（2）Web on Flutter。上层以 JavaScript 描述，可以理解成基于 Flutter 的 ReactNative 或者 Weex 方案，一般认为这种方案存在一定的性能问题。

（3）Dart 转 JavaScript。进行 UI 和逻辑的分离，逻辑使用 Dart 编写，通过 Dart 转 JavaScript 完成逻辑在两端的复用，分别在 Flutter 侧和 JavaScript 侧进行逻辑和 UI 的对接。此方法值得探索，但问题在于提升的效果未必理想。

3. 和 PC 的融合

ICBU 的业务特点是同时具备多端应用，如何使用 Flutter 打通 PC 和无线端，借助 Flutter，从提高两端研发效率，变成提高多端研发效率，是未来的研究重点。

6.3.5　小结

本节介绍了 ICBU 如何在业务和组织快速发展的情况下，基于 Flutter 的企业级解决方案解决效率问题并打通资源，通过拥抱集团、进行内存泄露探索来解决 Flutter 本身的一些问题。面对飞速发展的 Flutter 框架，我们的认知和学习也要不断变化，技术决策也要不断调整以适应新的阶段。例如，最开始的关注点放到了工程本身的可用性上，重点解决研发过程中的效率问题，为此需要自研一些功能以快速支撑。铺开一段时间后，在基础建设上拥抱集团以节省维护成本，把关注点更多地放到性能和质量上。作为一线业务团队，ICBU 更需要根据业务和技术的状况，不断地调整技术演进的方向，最大化地发挥 Flutter 的提效优势。

6.4　Flutter 在淘宝特价版的实践

本章介绍淘宝特价版在 C2M 业务场景下的挑战和基于 Flutter 的解决方案，主要从以下几个方面介绍：淘宝特价版的业务特点、使用 Flutter 的业务场景、总结和计划。

6.4.1　淘宝特价版的业务特点

淘宝特价版于 2020 年 3 月 26 日正式推出，是全球首个以 C2M 产业带为核心供给的购物 App，通过工厂直供的方式为消费者提供又好又便宜的商品。C2M 模式以去库存、减少物流、减少分销等中间环节，短销售链路的方式，结合数字化技术，为工厂增效降本。自淘宝特价版上线以来，日活用户每 20 天翻一番。

高速增长的背后得益于技术架构和研发效能的支撑。淘宝特价版作为高速发展的项目，在产品上有不断迭代验证的诉求，如何更高效地实现产品原型交付验证是必须考虑的问题。为了支撑业务的高速增长，在客户端采用 Flutter 提升研发效率，也在团队的 Android 开发人员多于 iOS 开发人员的情况下实现了双端需求的同步实现。

6.4.2　使用 Flutter 的业务场景

目前，淘宝特价版首页里的类目、短视频看看、详情、店铺、个人主页和设置等部分二级页面均采用 Flutter 开发，后续新的业务需求也会优先采用 Flutter 开发。

在 Flutter 实践中，一方面站在巨人的肩膀上，基于阿里巴巴集团内如闲鱼、淘宝（AliFlutter）提供的基础能力；另一方面也在业务研发提升效率等方面进行了自我探索。例如，重在解决前后端依赖，提升研发效率的云端一体化，以及研发框架的 MVVM 实践等。

其中，在 Flutter 框架方面结合 FaaS 实现云端一体化。一位开发人员可以在框架内顺畅地完成"前端+后端"的开发，相对于传统的使用 Native 开发的交付流程，节省了一半以上的开发成本，如图 6-27 所示。

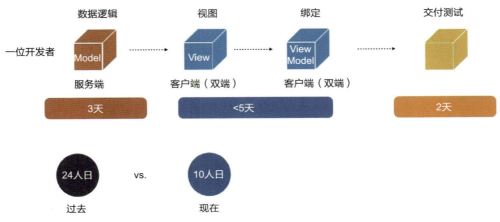

图 6-27　开发成本对比

在页面框架层面，淘宝特价版引入了 MVVM 开发框架。结合前后端一体，服务端数据作为 Model，每个 Flutter 页面都采用 MVVM 开发模式做响应式布局，使用 Stream 数据流作为响应，把数据处理逻辑和视图布局拆开，方便维护和协作，如图 6-28 所示。为了写出高效、稳定的 Flutter 业务代码，把诸如异常上报、性能监控、白屏检测、页面或组件埋点、网络和图片等基础功能桥接到 Dart 层。

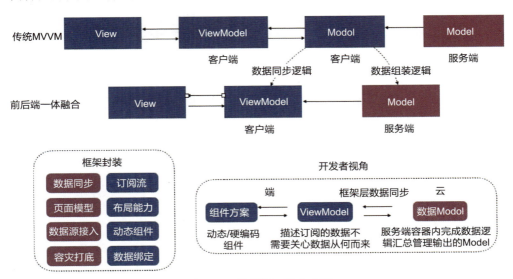

图 6-28　前后端一体化方案

在首页、店铺和个人主页的开发中着重使用了前后端一体化研发模式，所有业务的页面框架采用了基于 Stream 的 MVVM 模式。下面结合业务场景介绍其中的思路。

1. 首页方案

为了构建框架，客户端和服务端均需要做基础技术选型，如图 6-29 所示。客户端要求双端一致、调试快、性能高和社区支持，选择 Flutter；云端需要发布快、易上手、成本低和屏蔽运维细节，最终选择 FaaS。FaaS 弥补了 Flutter 的动态性；延伸开发领域，客户端开发人员可以开发服务端需求；Function 对应 MVVM 中的 M，位于前后端一体化 Model 的位置。FaaS 容器支持多种语言，包括 Java、Python 和 Go，最终因受众广（开发人员一般均接触过 Java）、生态广（基本框架丰富）、工具丰富（IDE 工具，降低开发门槛）的特性，选择了 Java 语言。

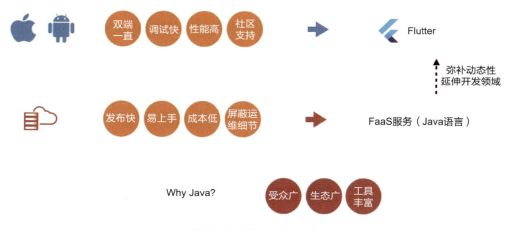

图 6-29　基础技术选型

如图 6-30 所示，相比于传统服务端开发，FaaS 存在几种优势：首先，服务端无须管理服务器，在传统交付流程中，存在服务端运维的环节，需要考虑 QPS 和机器等；而使用 FaaS 后，减少了开发人员需要考虑的事情。其次是资源弹性伸缩、快速发布和完善的工具链。在淘宝特价版的开发体系中，Function 可以作为 MVVM 中的 M，是选择 FaaS 而不选择 PaaS 最重要的原因。

FaaS 功能强大，服务端所需要的功能在 FaaS 里面有所体现，包括函数计算、对象存储、API 网关、表格存储、日志服务和批量计算。函数计算的客户只需要编写代码并设置运行的条件，即可以弹性、安全地运行。

基于一个集中数据接口的方案，前端使用 Flutter 容器，后端使用 FaaS 容器，页面配置和业务数据统一在一个数据输出接口，以 JSON 作为数据协议，如图 6-31 所示。Flutter 容器分为四层，底层是基础层，用于和基础技术对接，包括请求 SDK、启动流程、事件通道和图片库。往上是组件层，包含 Dart 组件和动态组件。再往上是布局层，包含布局引擎和布局容器。顶层是页面层，包含页面引擎、数据处理和页面基础能力（例如埋点和点击跳转等）。基础层、组件层、布局层和页面层都可以被其他页面复用，最终的业务定制层即页面业务逻辑，四层复用可以有效地提高开发效率。

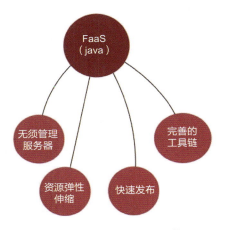

图 6-30　FaaS 的几种优势

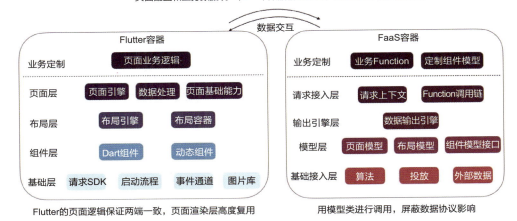

图 6-31　Flutter 容器和 FaaS 容器

FaaS 容器底层是基础接入层，包含算法、投放和外部数据。往上是模型层，和客户端对应，例如客户端的布局层、组件层和页面层，在服务端模型层都有对应，即页面模型、布局模型和组件模型接口。模型层之上是输出引擎层、请求接入层，最上面是业务定制。服务端的特点之一是业务方不需要操作底层 Object 或 JSON，而是操作模型层的对象，可以屏蔽数据协议的影响。

客户端页面分层架构由下至上分别为组件层、布局引擎层、页面引擎层和业务层，如图 6-32 所示。在实际的调用流程中，业务层逻辑包含滚动视图以外的部分，例如浮层、性能监控和页面埋点，滚动视图以内的部分由页面引擎负责。页面引擎的入参为 id，通过 id 请求，对接 FaaS 接口请求、缓存逻辑、请求上下文序列化，在 FaaS 的 Function 入参获取请求上下文的内容。页面引擎同时负责基础业务能力，即刷新、翻页、点击跳转和容器埋点。请求数据后获取 JSON 格式的数据，将数据发送至布局引擎。布局引擎解析视图，生成 Page 对象、Tab 对象和 Section 对象。生成视图后对接到组件，包含 Dart 组件和 XML 动态组件。

图 6-32　客户端页面分层架构

淘宝特价版的页面结构可拆解为如图 6-33 所示。根节点 content 体现在数据中，之后的页面被拆解为四个部分：顶栏（topBar）、tab 之上（headerSection，可以理解为后续在 tab 上插入图片或者组件）、tab（tab 本身）和 tab 之下（feeds，其中可能包含多个 feeds，tab 中有一个类目，每个类目下存在多个容器，feeds 首先进入 tabContainer，之后进入 container，存在单列和瀑布流的形式）。页面从容器再到组件，业务方拿到的是 Page，Page 即 Flutter 中的 View。Page 包含 Widget、TabBar、TabBarView 子节点，接下来是 CustomScrollView、Sliver 和 Widget。Flutter 中连接 List 或者 Grid 极为方便，例如混合一行一列和一行两列，用 CustomScrollView 可以很好地解决。

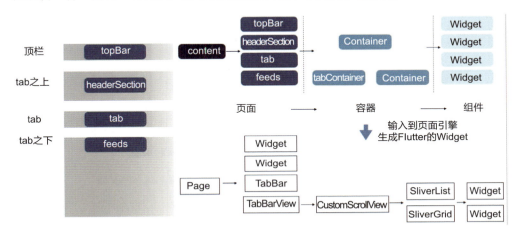

图 6-33　页面结构拆解

从开发者视角来看，传入 id 给页面引擎，获得 Widget，如图 6-34 所示。引擎层面有页面引擎、布局引擎和组件引擎，页面引擎执行请求，获取数据并将其传入布局引擎，布局引擎生成布局，寻找组件给组件引擎，组件引擎生成组件。业务方获取 Page 对象，可直接贴在页面中。

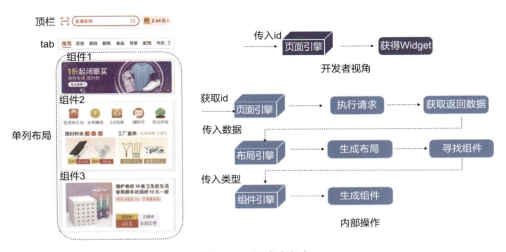

图 6-34　开发者视角

如让客户端开发人员写服务端代码,需要在服务端构建一套和客户端结合的框架。如图 6-35 所示,服务端分层架构由下至上分为基础对接层、模型层、引擎调用层和业务层。与客户端类似,滚动视图之内的部分由业务层逻辑负责,页面引擎接收客户端发送的 id;通过页面 Function 调用链读取配置,做请求上下文序列化;之后 Function 获取具体容器类 Model、组件类 Model 和 Model 反序列化工具。底层是基础对接,包括日志服务、监控、容灾打底、发布流和存储等。

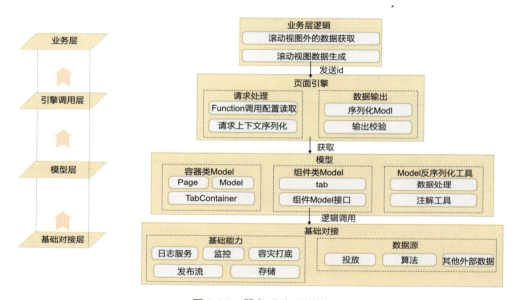

图 6-35 服务端分层架构

客户端所见即所得,即按照看到的页面(视图)拆分,而服务端按照数据源维度进行拆分。数据源可能是一对一、多对一或一对多的关系,需要具体情况具体分析。Function 对接的数据源数量不固定,接下来输出的 Function 模型对象即 Widget(组件),页面 Function 将组件放入 Container 中,最后 Page 对象将其序列化后输出到客户端,如图 6-36 所示。

首先,页面 Function 接收 id,进入页面引擎后,读取 id 对应配置,即需要读取哪些子 Function,子 Function 输出模型对象(组件对象),模型对象会被汇总到页面 Function 中。然后,可以获取子 Function 的返回值,生成 Page 对象,由业务方负责按照逻辑编排返回值,之后呈现出 JSON 文件。最后,输出给业务方,如图 6-37 所示。

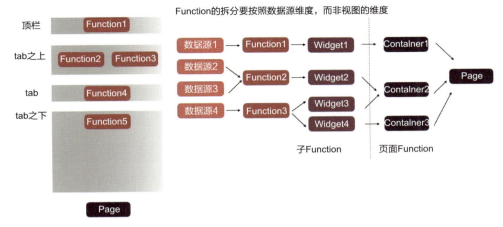

图 6-36 服务端方案

2. 个人主页

个人主页是 5 个 tab 中的最后一个,在产品层面,个人页面是用来建立淘宝特价版与用户的桥梁,提供个人信息管理、优惠券、收藏夹、购物车、历史记录等工具的入口,展示订单、红包、特币信息,以及根据用户画像提供商品的推荐。

在技术上,个人主页的特点可以总结为:有多种数据源,数据类型多种多样,模块之间的耦合度不高;页面布局规则,从顶到底呈列表式排布;用户行为交互简单,可枚举。

在此基础上,在设计个人主页的前后端方案时,整体上以轻前端重后端的方式设计,用模板动态化框架 DinamicX 加上客户端基础能力,固化端侧基本渲染和交互能力。利用 Flutter 提高开发效率,保证两端逻辑一致。将数据组装、组件排布、模板选择和数据埋点等一系列逻辑后移到服务端,减少依赖客户端发版而导致的迭代效率问题。

如图 6-38 所示,在后端的方案设计方面,用网关应用承接客户端请求,每个模块使用单独的 FaaS 函数实现数据源的请求、数据映射,最后由网关应用统一排布并下发给客户端。使用 FaaS 能够做到数据源的管理与复用、模块之间的发布解耦,同时还能大大地提升发布的效率。

以一个模块的维度来看,从数据源到客户端渲染的链路如图 6-39 所示。

通过积累越来越多的原子化能力,客户端框架能够实现 90% 以上的业务需求不用发版。服务端通过固化数据模型的装配过程,使所有模块的改动收敛,提高发布效率,降低回归成本。

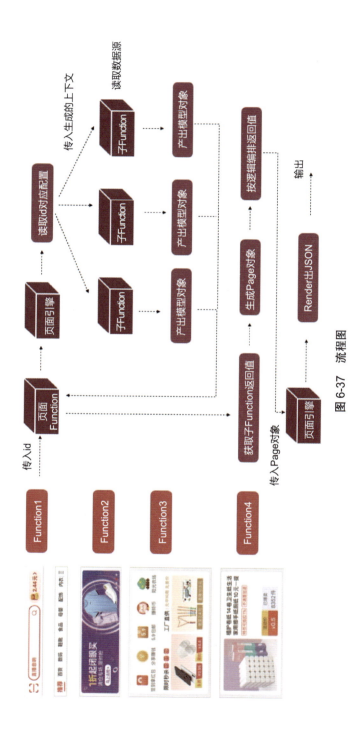

图 6-37 流程图

第 6 章 前沿探索与行业案例

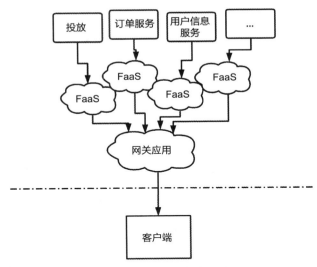

图 6-38 后端的方案设计

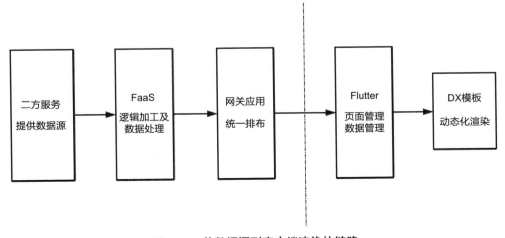

图 6-39 从数据源到客户端渲染的链路

这种轻前端的开发方式适合满足上述技术特点的大部分页面。淘宝特价版从中抽象了部分技术能力和业务能力，形成基础业务框架，在这个基础框架的基础上，可以为多个业务方快速地提供开发的基础能力，从面向需求开发转变成面向能力开发，如图 6-40 所示。

3．商品详情

淘宝特价版实践 Flutter 的第一个业务场景是商品详情，一个人从 Flutter 的基础

219

环境搭建到商品详情的业务开发，历时两个月完成了第一个版本的开发。随后才推广到个人中心、店铺、看看场以及首页的类目等业务场景。

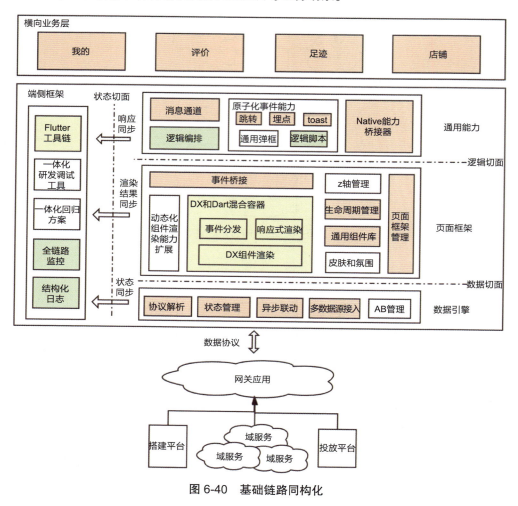

图 6-40　基础链路同构化

如图 6-41 所示，淘宝特价版的商品详情页面结构由主信息部分、商品详情部分、更多推荐部分、顶部导航栏和底部行动栏组成。另外，还有一些二级页面，如评价页、大图页、优惠弹层页、区域选择页、服务弹层页、参数弹层页和 SKU 弹层页。

在用 Flutter 实现商品详情页时，为了提高商品详情页的响应速度，做了数据预加载。当发生商品详情的路由跳转时，同时发起数据接口的网络请求，页面转场之后优先从缓存里获取，当获取不到时等待通知，流程如图 6-42 所示。

第 6 章 前沿探索与行业案例

图 6-41 详情基本结构图

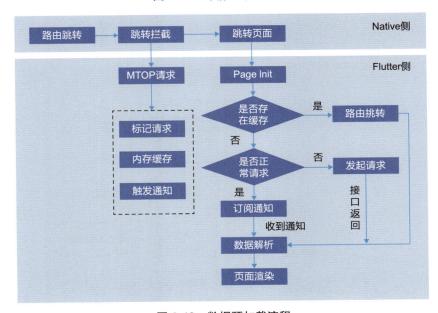

图 6-42 数据预加载流程

虽然数据预加载能显著地缩短用户等待页面渲染完成的时间，但是受服务端的接口响应时间和用户的网络速度影响，还是能看到商品详情页面处于等待渲染的空白状态，而且空白的时间会远大于人眼物理识别的时间差。在这种情况下，用户视觉上会存在一个明显的空白屏到内容渲染完毕的视觉上的闪动。为了解决上述情况，我们实现了一个商品详情页主图的缓存借用方案，保证在进入详情页到详情主接口数据渲染开始之间页面不是空白的。同时，当详情页数据渲染完成时，用户在视觉上也会营造一个比较流畅的过渡效果。

此方案的关键点是商品详情页的主图如何能够在进入详情页的第一时间渲染出来。复用来自 Feed 流或者其他场景下已经加载完成的商品主图是一个比较好的解决方案。简单来说，此方案的实现需要用到跨页面的图片缓存复用能力，同时能够进行统一图片缓存的地方。目前市面上的 Native 主流图片框架在经过一些改造后，基本都能够实现此功能。考虑到当前使用场景是在 Flutter 层面复用来自 Native 层的缓存，所以还需要对 Flutter 和 Native 层的一些通信方面进行改造。其中，比较重要的是需要在 Flutter 层实现一个可以根据图片 URL 信息获取使用 Native 图片资源的 ImageProvider，获取流程如图 6-43 所示。

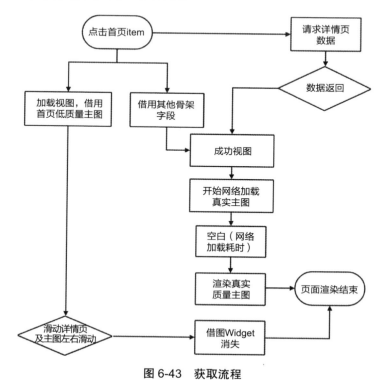

图 6-43　获取流程

由于 Flutter 层异常的特殊性，与 Native 异常会导致 App 崩溃不一样，Flutter 异常通常只会导致屏幕白屏或者部分组件创建异常，导致无法渲染。接口数据异常或者处理逻辑异常会导致组件无法渲染或渲染出错。所以，针对 Flutter 页面，需要进行的检测包括：组件维度的空白异常检测、组件是否绘制渲染的检测、组件的渲染大小占比的检测。针对上面两种组件的异常渲染情况，只有当发生第一种情况时，能够通过 Flutter 层级的异常上报捕获进行监控。第二种情况若也想要进行监控，就需要在 Flutter 页面的渲染工作上进行监控。目前，淘宝特价版 App 上的白屏检测框架的实现原理是对当前 Flutter 页面的渲染树（RenderObject Tree）在层级上做了一个组件层级的渲染监控，提供了两种渲染检测模式：可见元素个数检测、可见元素的渲染大小比例监控。同时，为了能够判断当前渲染问题的直接原因是否是由接口数据异常导致的，还将对应检测节点的数据进行联动上报，用于开发人员判断。

4．看看页面

淘宝特价版实践 Flutter 的另一个重要场景是在 App 的底部 tab 里实现了看看场。看看场是淘宝特价版直播短视频业务的集中表达阵地。页面的内容展示为双列流的形式，穿插短视频和直播的内容，如图 6-44 所示。

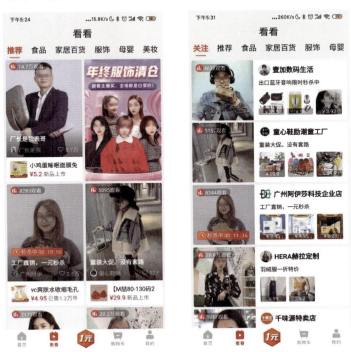

图 6-44　看看场

在看看场里，有一个需求是对当前第一个完全可见的内容坑位自动播放 10s。在列表滚动过程中，为了防止频繁地调用 Channel 的方法，只在列表停止滚动时才判断需要播放哪个位置的视频，从而创建播放器播放 10s 之后再释放。播放器封装了原来在 Native 层已经实现的一个播放器，通过共享 Surface Texture 的方式，将解码渲染到 Flutter 的视图层。因为 Channel 所在的调用线程是系统原生的主线程，不能做耗时操作，所以要把比较耗时的工作放在子线程中进行，比如播放器的释放。

在实现看看场的过程中，还有一个比较特殊的地方是因为把看看场放在了底部 tab，而底部 tab 是基于原生 Activity 的，每个 tab 都对应一个 Fragment。所以，在使用 FlutterBoost 里提供的 FlutterFragment 作为看看场的容器时，在底部 tab 切换时，监听其显示和隐藏，与播放器的生命周期进行绑定，防止出现内存泄露问题。

6.4.3 小结

本章描述了淘宝特价版基于 Flutter 的企业级解决方案，作为一个内部创业项目，在业务上需要尽快地占领市场和丰富业务形态，在产品上需要不断地试错。在双端开发人员配比不对等的情况下，用 Flutter 满足了业务和产品的需求。并且在一年的时间内完成了 7 个重点业务场景的上线，在此过程中探索出稳定性和性能方面的监控及优化方案。未来还将拓展到更多的业务中。